WISSEN VISUELL

UNSER SONNENSYSTEM

Peter Bond

DORLING KINDERSLEY
LONDON • NEW YORK • MÜNCHEN • SYDNEY

EIN DORLING KINDERSLEY BUCH

Dieses Buch ist zwei jungen Sternen gewidmet:
Jennifer und Elizabeth Burton

Projektbetreuung Ben Morgan
Bildbetreuung Martin Wilson
Cheflektorat Mary Ling
Chefbildlektorat Rachael Foster
Gestaltung Robin Hunter
DTP Design Almudena Díaz
Herstellung Lisa Moss
Bildrecherche Andy Sansom

Die Deutsche Bibliothek – CIP-Einheitsaufnahme

Ein Titeldatensatz für diese Publikation ist bei
der Deutschen Bibliothek erhältlich.

Titel der englischen Originalausgabe:
DK Guide to Space

Übersetzung Rolf Schanzenbach
Redaktion Stefanie Rahnfeld, Köln
für Verlagsservice Monika Rohde, Bonn
Satz Verlagsservice Monika Rohde, Bonn

ISBN 3-8310-0021-2

Printed and bound in Italy
A. Mondadori Editore, Verona

Besuchen Sie uns im Internet
www.dk.com

INHALT

STERNGUCKER

DIE STERNE FASZINIEREN DIE MENSCHHEIT schon seit Jahrtausenden. Erst mit der Erfindung des Teleskops aber konnten Astronomen erforschen, wie das All wirklich beschaffen ist: Unser Heimatplanet ist nicht mehr als ein winziger Punkt Materie, umgeben von einer gigantischen Leere, genannt der Weltraum. Die Sterne lassen das All dicht gefüllt erscheinen – sie sind aber unglaublich weit von uns und voneinander entfernt. Das Weltall an sich ist leer – und unvorstellbar riesig: Zum nächsten Stern bräuchte man mit einer Concorde mehr als eine Million Jahre. Die Entfernungen im All sind so groß, dass sie in Lichtjahren gemessen werden. Ein Lichtjahr ist die Entfernung, die das Licht in einem Jahr zurücklegt – zehn Billionen Kilometer. Dank moderner Teleskope können Astronomen nun Milliarden Lichtjahre entfernte Sterne und Galaxien untersuchen.

ASTRONOMIE HEUTE
Astronomen blicken heute häufiger auf den Computer als durch ein Teleskop. In modernen Observatorien werden alle Daten, die das Teleskop auffängt, ins Rechnersystem eingegeben. Der Computer errechnet daraus Bilder, die bestimmte Erscheinungen genauer beleuchten. Diese digitalen Bilder können aus dem Internet geladen werden, sodass sie Astronomen weltweit zur Verfügung stehen.

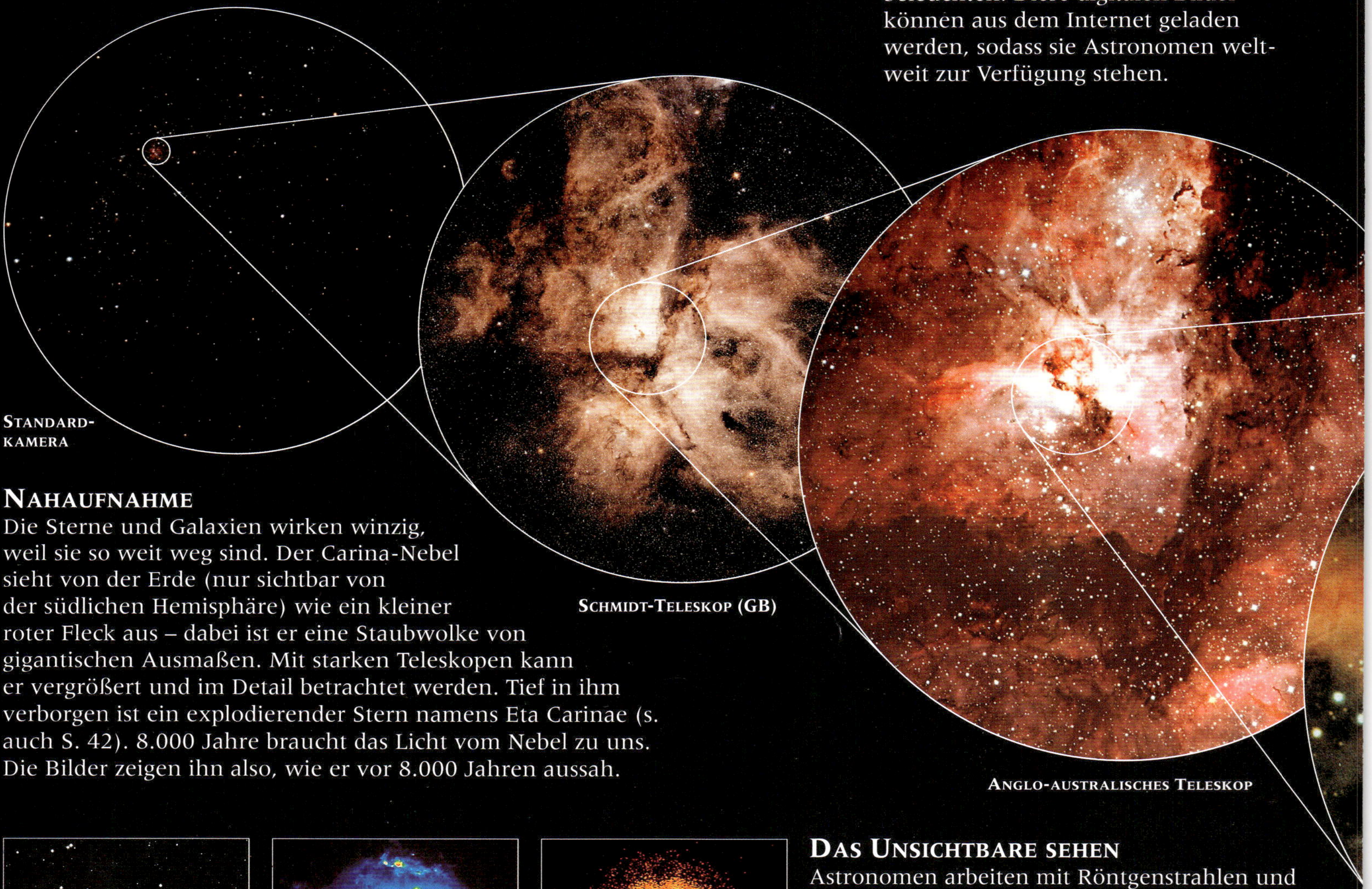

STANDARD-KAMERA

SCHMIDT-TELESKOP (GB)

ANGLO-AUSTRALISCHES TELESKOP

NAHAUFNAHME
Die Sterne und Galaxien wirken winzig, weil sie so weit weg sind. Der Carina-Nebel sieht von der Erde (nur sichtbar von der südlichen Hemisphäre) wie ein kleiner roter Fleck aus – dabei ist er eine Staubwolke von gigantischen Ausmaßen. Mit starken Teleskopen kann er vergrößert und im Detail betrachtet werden. Tief in ihm verborgen ist ein explodierender Stern namens Eta Carinae (s. auch S. 42). 8.000 Jahre braucht das Licht vom Nebel zu uns. Die Bilder zeigen ihn also, wie er vor 8.000 Jahren aussah.

STANDARDTELESKOP

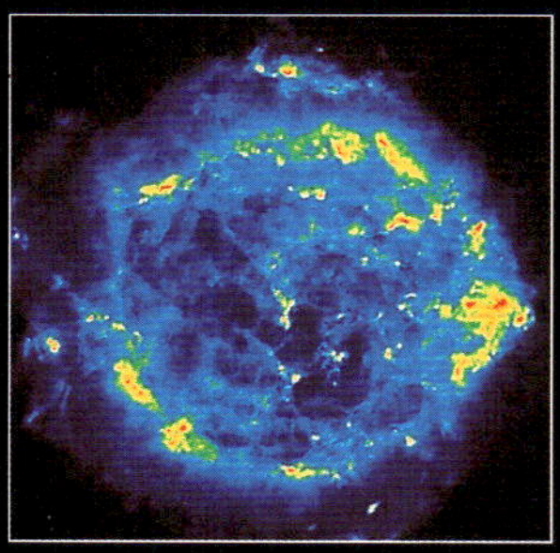

RADIOTELESKOP

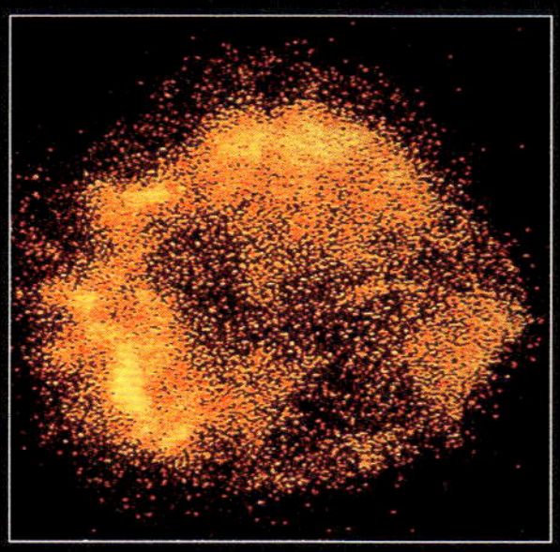

RÖNTGENTELESKOP

DAS UNSICHTBARE SEHEN
Astronomen arbeiten mit Röntgenstrahlen und können so Dinge sehen, die dem menschlichen Auge sonst verborgen bleiben. Die drei Bilder links zeigen die Überreste eines 1660 explodierten Sterns. Ein normales Teleskop zeigt nur einen leeren Himmel – mit Radio- und Röntgenteleskopen erkennt man eine Milliarden von Kilometern große Trümmerwolke. Sie schleudert mit 6.000 km/s heißes Gas ins All.

Hubble-Visionen

Die Erdatmosphäre verzerrt das Licht der Sterne und erschwert so die Sicht. Das Hubble-Weltraumteleskop umgeht dieses Problem, weil es 595 km über der Erde und damit außerhalb des atmosphärischen Einflusses kreist. Hubble ist etwa so groß wie ein Bus; es umrundet die Erde mit ca. 28.000 km/h. Es kann Galaxien sehen, die Milliarden von Lichtjahren entfernt sind – so, wie sie vor Milliarden von Jahren aussahen.

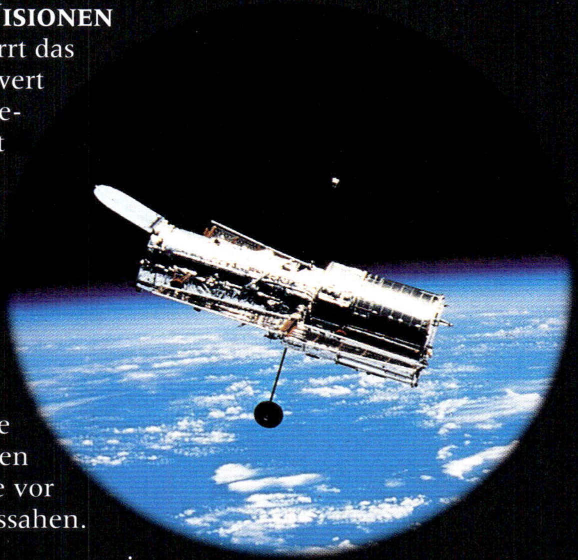

Zusammenarbeit

Manchmal werden Teleskope zusammengeschaltet, um schwach erkennbare Objekte genauer zu sehen. Das Very Large Array (oben) in New Mexiko (USA) besteht aus 27 riesigen Schüsseln, die Radiowellen empfangen, aus denen der Computer dann ein einziges Bild erstellt. Die Schüsseln leiten die Radiostrahlen gebündelt zu einem zentralen Empfänger. Lichtteleskope arbeiten genauso, haben aber eine spiegelnde Oberfläche.

Himmlische Zwillinge

Die beiden Keck-Teleskope in Hawaii sind die größten Lichtteleskope der Welt. Sie befinden sich auf einem erloschenen Vulkan, weit entfernt von den Lichtern der Städte. Die klare, dünne Luft ist ideal für die Beobachtung lichtschwacher Galaxien. Die Teleskopspiegel sind aus einzeln einstellbaren Sektoren aufgebaut, so kann man die geeignete Form für die beste Sicht auswählen.

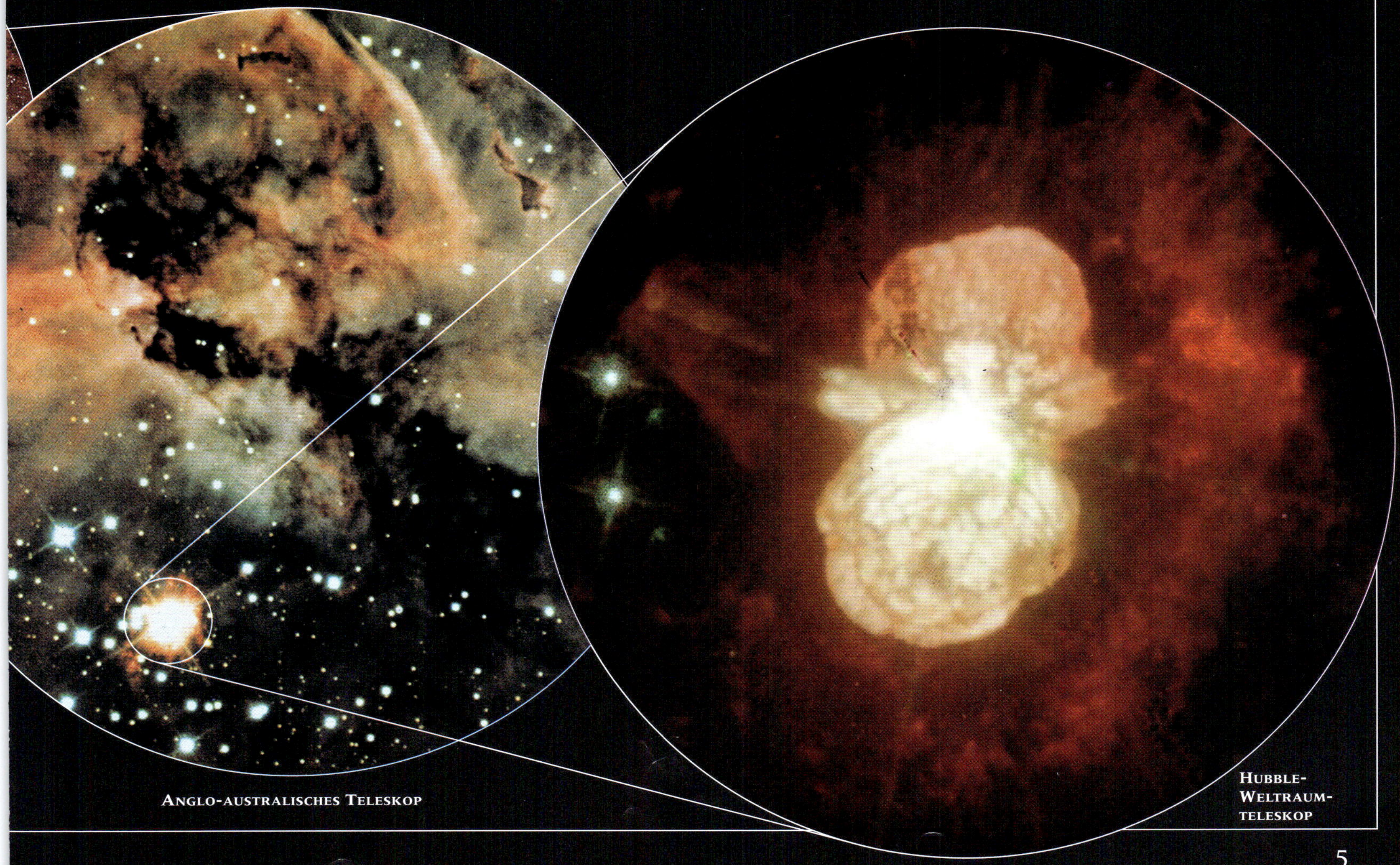

Anglo-australisches Teleskop

Hubble-Weltraumteleskop

DAS SONNENSYSTEM

DAS SONNENSYSTEM IST UNSERE NACHBARSCHAFT im All. Ihr Zentrum ist die Sonne, unser Fixstern, der 99,9 Prozent der Masse des Systems einnimmt. Ihre Schwerkraft hält alles um sie herum gefangen, einschließlich neun Planeten mit 63 Monden. Die Planeten umrunden die Sonne auf Bahnen, Orbits genannt. Die vier inneren Planeten sind aus Gestein und Metall, die äußeren riesige Kugeln aus Gas oder Flüssigkeit, außer dem eisigen Pluto, der der Sonne am fernsten ist (sechs Milliarden km). Der nächste Stern ist 7.000-mal weiter weg.

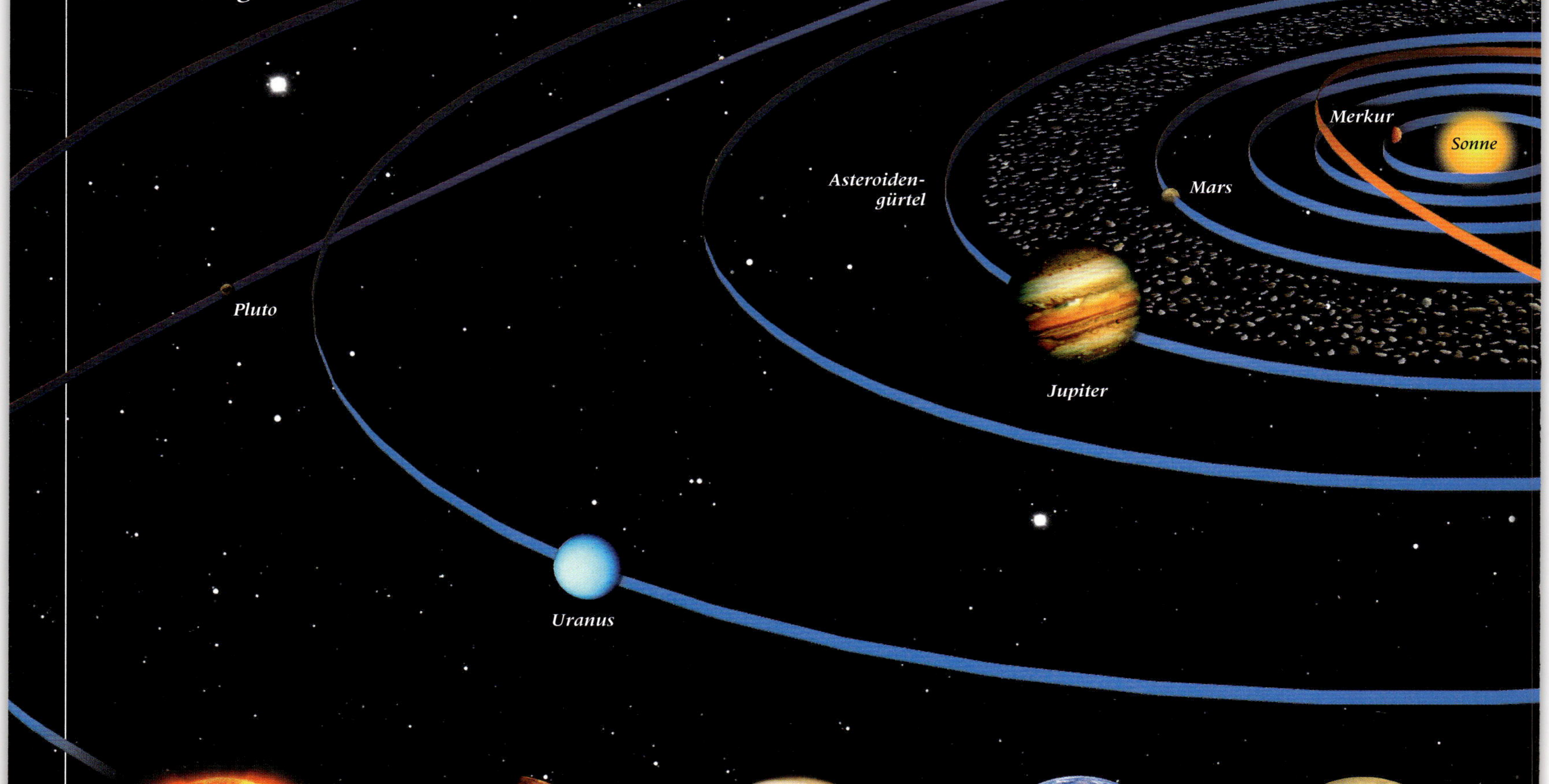

SONNE

Die Sonne ist eine riesige, rotierende Kugel aus leuchtendem Gas, mehr als eine Million Mal größer als die Erde. Ihre Energie stammt von Kernreaktionen im Inneren, wo die Temperatur 15 Millionen °C beträgt.

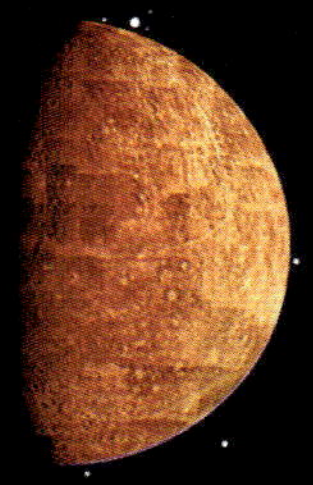

MERKUR

Der kleine, kraterübersäte Planet ist der Sonne am nächsten. Am Tag ist seine Oberfläche sengende 430 °C heiß, nachts wird es bis –170 °C kalt. Ein Merkur-»Jahr« (eine Sonnenumrundung) dauert nur 88 Erdtage.

VENUS

Sie ist die »hässliche Schwester« der Erde – ähnlich groß und strukturiert, aber mit giftiger Atmosphäre und lebensfeindlicher, zu heißer Oberfläche. Sie dreht sich so langsam um sich, dass ein »Tag« länger ist als ein »Jahr«.

ERDE

Der einzige Ort im Universum, der unseres Wissens Leben beherbergt. Ozeane bedecken zwei Drittel der felsigen Oberfläche, Wolken aus Wasser wirbeln durch die Atmosphäre. Die Erde hat nur einen Mond.

MARS

Einst dachte man, hier gebe es Leben. Wie die Erde hat der Mars Berge, Täler, eisige Pole und eine Atmosphäre. Seine Oberfläche aber ist eine öde Wüste. Er ist halb so groß wie die Erde und hat zwei Monde.

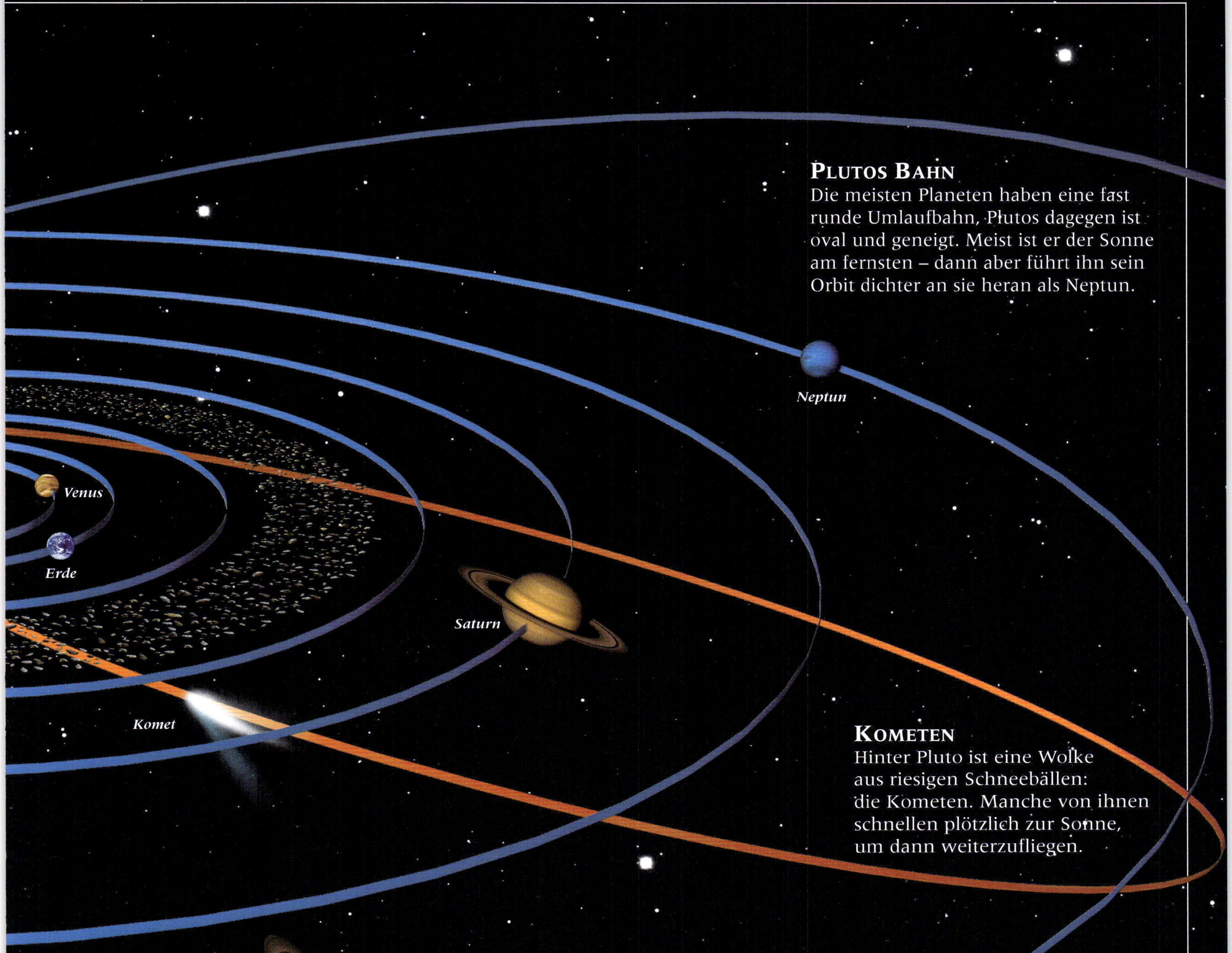

PLUTOS BAHN
Die meisten Planeten haben eine fast runde Umlaufbahn, Plutos dagegen ist oval und geneigt. Meist ist er der Sonne am fernsten – dann aber führt ihn sein Orbit dichter an sie heran als Neptun.

KOMETEN
Hinter Pluto ist eine Wolke aus riesigen Schneebällen: die Kometen. Manche von ihnen schnellen plötzlich zur Sonne, um dann weiterzufliegen.

JUPITER
Der größte Planet ist schwerer als alle anderen zusammen. Jupiter ist ein riesiger Ball aus Gas und Flüssigkeit, bedeckt und umzogen von Wolkenbändern. Jupiter hat 16 Monde, vier davon sind größer als Pluto.

SATURN
Setzte man alle neun Planeten in einen Wassereimer, würde Saturn als Einziger schwimmen. Er ist fast so groß wie Jupiter, aber viel leichter. Seine Ringe bestehen aus Millionen Eisbrocken, und er hat 18 eisige Monde.

URANUS
Die blaue Oberfläche lässt Uranus wie eine Billardkugel wirken. Er ist viermal größer als die Erde, 20-mal weiter von der Sonne entfernt und hat 17 Monde. Sein Entdecker wollte ihn »Georges Stern« nennen.

NEPTUN
Die Stürme auf Neptun sind die heftigsten des Sonnensystems. Sie jagen mit bis zu 2.000 km/h um den Planeten und sind als dunkle Flecken auf der Oberfläche sichtbar. Neptun ähnelt Uranus, hat aber nur acht Monde.

PLUTO
Der geheimnisvolle Pluto ist zu entfernt und zu klein, um klar gesehen zu werden. Er hat so wenig Sonnenlicht, dass im Winter die Atmosphäre gefriert. Sein Jahr dauert 248 Erdenjahre. Pluto hat einen Mond.

SONNE

UNSERE SONNE IST EIN TYPISCHER STERN: eine gigantische Kugel aus leuchtendem Wasserstoff. Tief in ihrem Inneren liegt ihre Kraftquelle; hier wird es bis zu 15 Millionen °C heiß. Ein Stecknadelkopf mit dieser Temperatur würde im Umkreis von 100 km alles in Brand setzen. Der Kern ist wie eine fortwährend explodierende Wasserstoffbombe – sekündlich werden vier Millionen Tonnen Wasserstoff in Hitze und Licht umgewandelt. Gas, das den Kern umgibt, absorbiert die Energie und steigt an die Oberfläche, von wo aus Hitze und Licht ins All entweichen.

FLECKEN IM ANTLITZ

Auf der Sonne kommen und gehen dunkle Flecken: die Sonnenflecken. Sie sind dunkler, weil sie einige tausend Grad kühler sind als ihre Umgebung. Durch ihre Beobachtung wurde entdeckt, dass sich der Äquator der Sonne viel schneller dreht als die Pole.

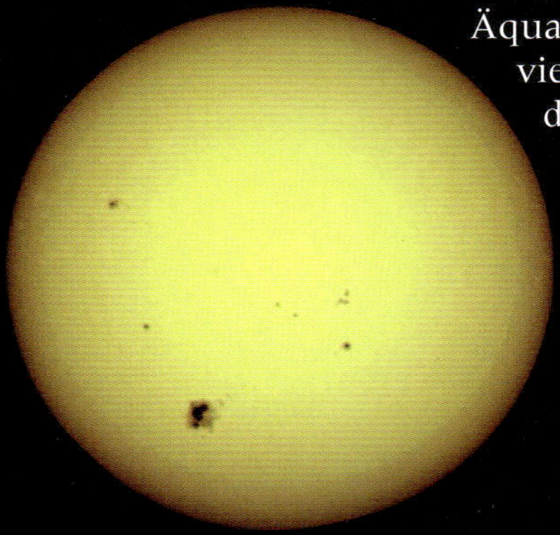

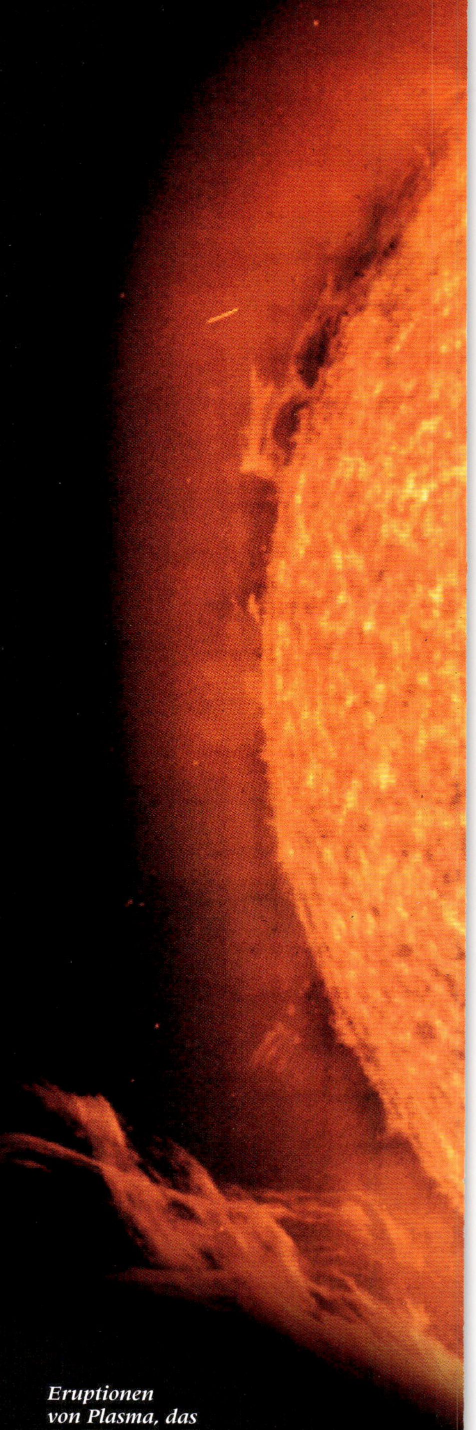

DIE KORONA

Die Sonne ist von einer dünnen Atmosphäre umgeben, der Korona. Sie erstreckt sich Millionen Kilometer weit ins All. Die Oberfläche der Sonne ist eine Million Mal heller als die Korona, allerdings ist diese Millionen Grad heißer. Niemand weiß, warum. Durch Löcher in der Korona entweicht Gas mit einer Geschwindigkeit von bis zu drei Millionen km/h.

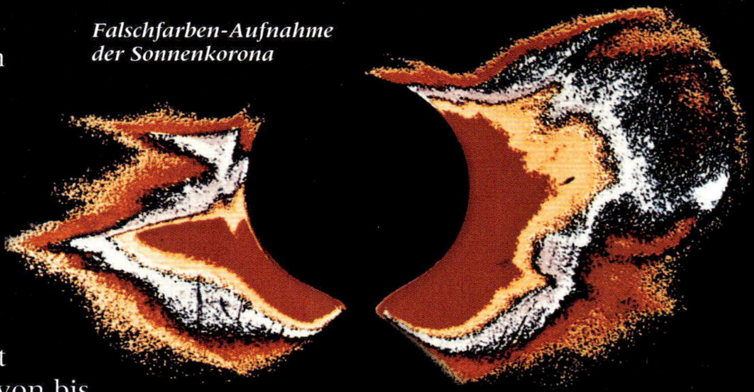

Falschfarben-Aufnahme der Sonnenkorona

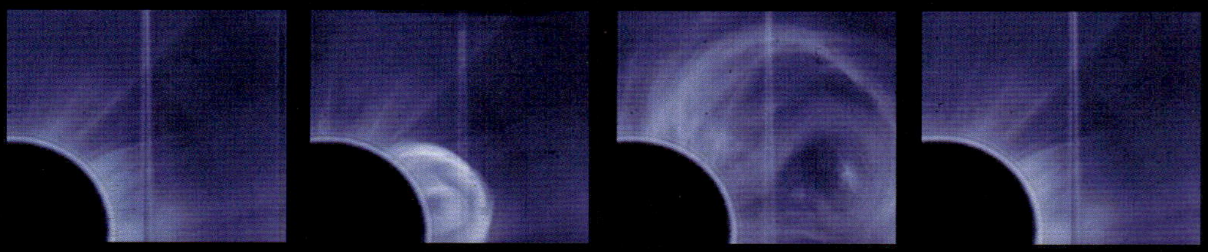

SONNENSTÜRME

Wissenschaftler nennen das extrem heiße Gas in der Sonne Plasma. Manchmal sprengt während eines Sonnensturmes eine riesige Plasmablase durch die Korona. Die Fotos oben zeigen einen solchen, meist sehr kurzen Ausbruch. Gelegentlich zielt ein Ausbruch direkt auf die Erde. Unsere Atmosphäre schützt uns zwar vor den schlimmsten Auswirkungen, trotzdem können Satelliten oder Stromleitungen beschädigt werden.

FEUERBÖGEN

Riesige Bögen aus Plasma erheben sich Hunderttausende von Kilometern über die Sonne und bleiben über Monate im All. Der größte jemals registrierte hatte eine Ausdehnung entsprechend der Erde-Mond-Distanz. Diese Bögen, Protuberanzen genannt, folgen dem Magnetfeld der Sonne. Manchmal lösen sie sich und ergießen Milliarden Tonnen von Plasma ins All.

Eruptionen von Plasma, das der Schwerkraft der Sonne entflieht.

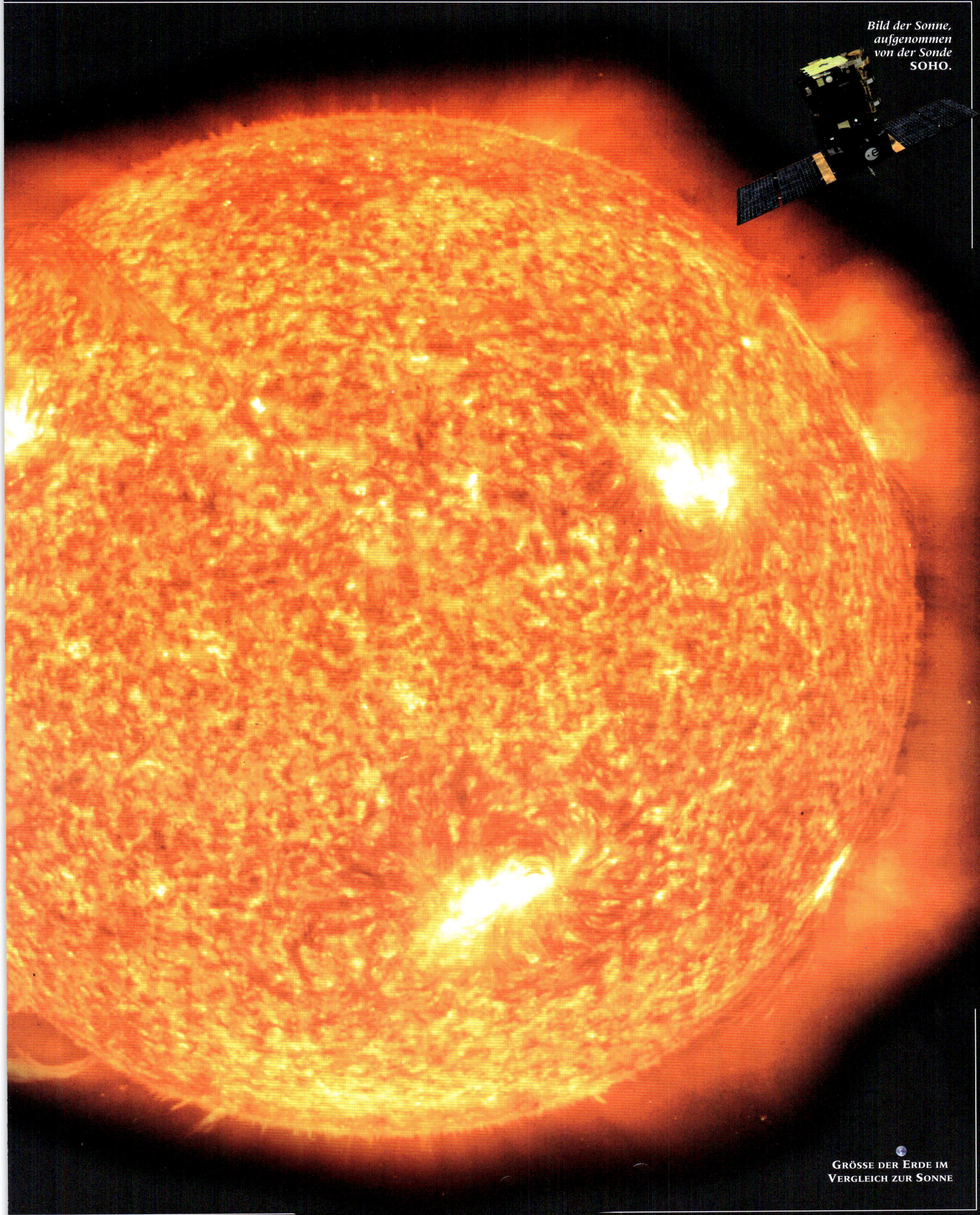

Bild der Sonne, aufgenommen von der Sonde **SOHO.**

GRÖSSE DER ERDE IM VERGLEICH ZUR SONNE

FINSTERNISSE

EINE TOTALE SONNENFINSTERNIS ist ein spektakulärer Anblick und eines der dramatischsten Ereignisse in der Natur. Für ein paar Minuten wird der Tag zur Nacht: Der Himmel verdunkelt sich, Sterne und Planeten werden sichtbar, Vögel hören auf zu singen, Laternen gehen an. Finsternisse ereignen sich, wenn das Licht von Sonne oder Mond für kurze Zeit abgeschirmt wird. Mondfinsternisse sind recht häufig. Finsternisse finden aber auch auf anderen Planeten statt, z. B. wenn ein Jupitermond in dessen Schatten tritt. Das kann aber nur mit einem Teleskop gesehen werden. Bei der Beobachtung von Sonnenfinsternissen müssen die Augen gut geschützt werden.

STADIEN EINER SONNENFINSTERNIS

Nach dem ersten Kontakt dauert es ca. eine Stunde, bis der Mond die Sonne ganz verdeckt.

Das Sonnenlicht bestrahlt Mond und Erde (nicht maßstabsgerecht).

Der Mond bewegt sich zwischen Sonne und Erde.

Der Mondkernschatten bewirkt eine totale Sonnenfinsternis.

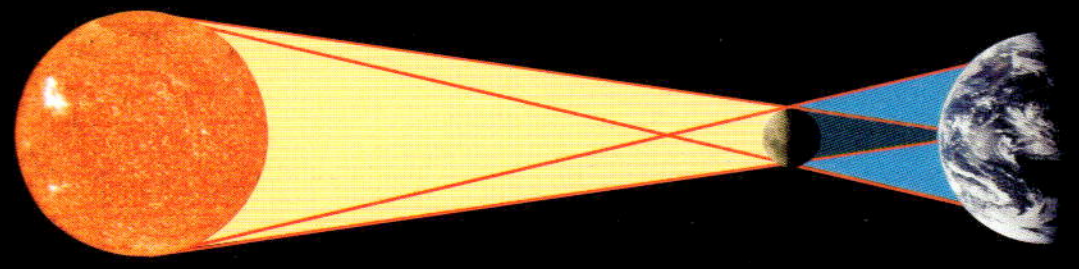

DIE SONNENFINSTERNIS
Bei einer Sonnenfinsternis wandert der Mond vor die Sonne. Für einige Minuten, während der Mondschatten über die Erdoberfläche streicht, ist die Sonne verdeckt. Innerhalb dieses engen Schattens erlebt man eine totale Finsternis, außerhalb eine partielle.

TOTALITÄT
Totalität bedeutet, dass der Mond die Sonne vollständig verdeckt (unten). Sie kann bis zu acht Minuten dauern. Während der Totalität sind die weißen Strahlen der Sonnenatmosphäre, die Korona, zu erkennen, die das dunkle Zentrum schimmernd umgeben.

Diamantring-Effekt

Unmittelbar vor der Totalität strahlt das letzte Sonnenlicht in die Täler des Mondes. Dies lässt das letzte Licht der Sonne als eine Kette von hellen Flecken erscheinen – der so genannte »Diamantring-Effekt«. Das untere Bild lässt auch Eruptionen von heißem Gas (rot) erkennen, das die Sonne ausstößt.

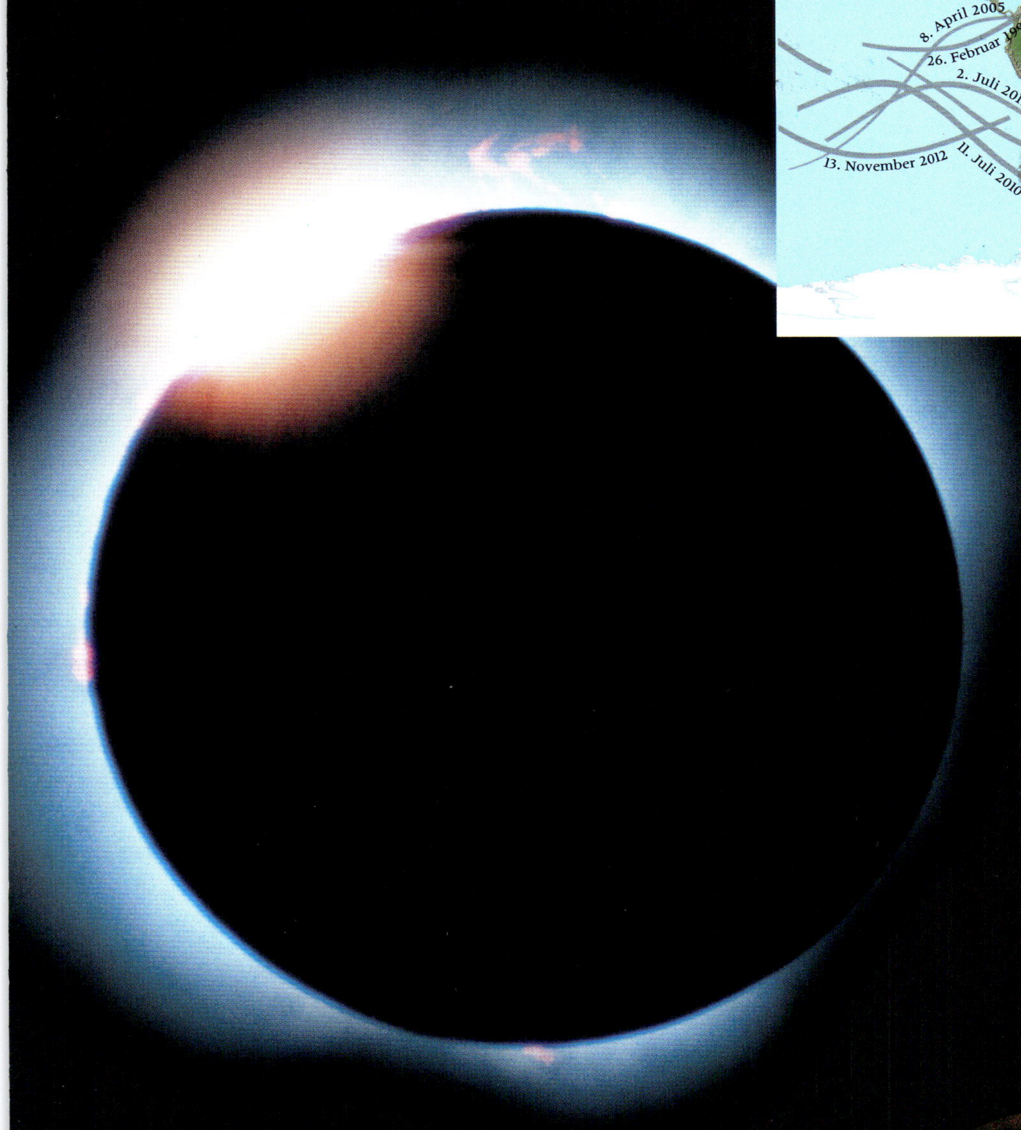

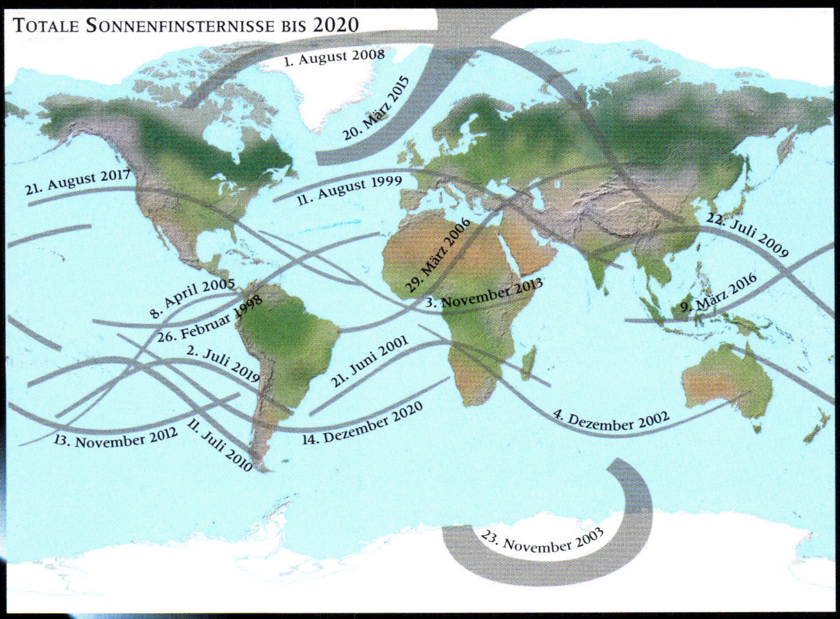

Im Schatten des Mondes

Jedes Jahr gibt es mindestens zwei Sonnenfinsternisse – meist aber nur partielle: Der Mond bedeckt die Sonne teilweise. Totale Sonnenfinsternisse ereignen sich etwa alle 18 Monate irgendwo auf der Welt – allerdings häufig über dem Ozean oder wenig besiedelten Gebieten. Obwohl der Mondschatten Tausende von Kilometern über die Erde wandert, ist er häufig nicht einmal 100 Kilometer breit. Am selben Ort finden totale Sonnenfinsternisse nur etwa alle 330 Jahre statt.

Die dunkle Seite

Bei einer Mondfinsternis kann es vier Stunden dauern, bis der Erdschatten über den Mond gezogen ist; die totale Verdunklung kann mehr als eine Stunde dauern. Das Sonnenlicht wird von der Erdatmosphäre teilweise in Richtung Mond gestreut und lässt ihn rötlich erscheinen. In manchen Jahren gibt es drei Finsternisse, in anderen keine. Eine Mondfinsternis kann von der Nachtseite der Erde aus beobachtet werden.

Das Sonnenlicht bestrahlt die Erde (nicht maßstabsgerecht).

Eine Erdhälfte liegt im Tageslicht, die andere im Schatten.

Der Mond im Erdschatten: Eine Mondfinsternis findet statt.

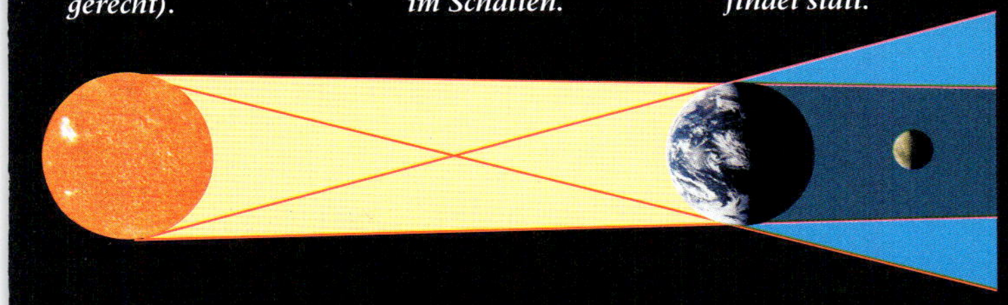

Die Mondfinsternis

Manchmal durchläuft der Mond in der Vollmondphase den Erdschatten. Nicht bei jedem Vollmond aber kommt es zu einer Finsternis: Mond- und Erdbahn sind gegeneinander geneigt, der Mond verfehlt deshalb den Erdschatten.

Bei einer Mondfinsternis verdunkelt sich der Mond immer mehr und färbt sich oft rötlich.

MERKUR

DER SONNENNÄCHSTE PLANET IST MERKUR. Er ist tagsüber sengend heiß und nachts beißend kalt. Würde man auf Merkurs Tagseite landen, sähe man die Sonne zweieinhalbmal größer als von der Erde, der Himmel aber wäre schwarz, denn hier gibt es keine Atmosphäre. Die Erde wirkt vom Merkur aus wie ein großer, bläulicher »Stern«. Die Sonnenschwerkraft hält Merkur auf einer ovalen Umlaufbahn, mit der Drehung um sich selbst lässt er sich Zeit. Seine Oberfläche zeugt von einer bewegten Vergangenheit: Asteroid- und Kometeneinschläge übersäten ihn mit Kratern, sogar mit Kratern in Kratern.

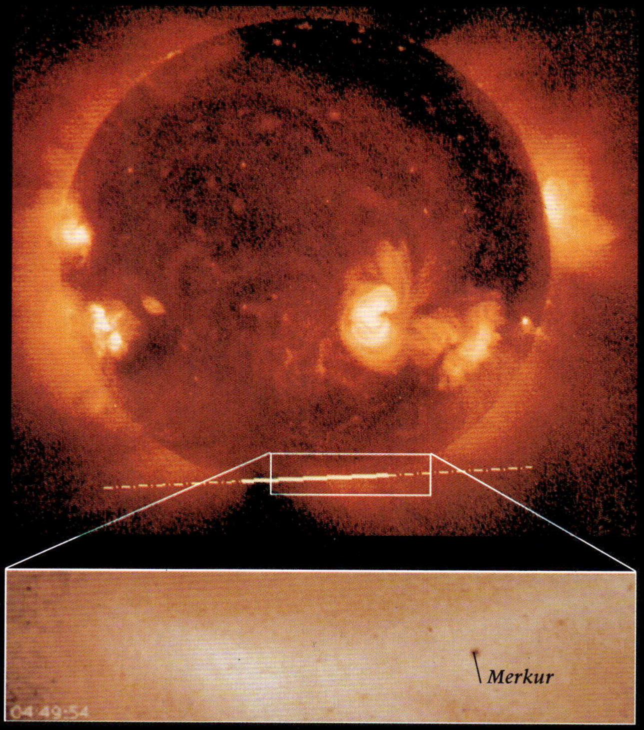

IM RAMPENLICHT GEFANGEN
Merkur steht immer dicht bei der Sonne. Deshalb ist er mit bloßem Auge schwer zu erkennen – er wird vom Leuchten der Sonne überstrahlt. Astronomen können ihn mit ihren starken Teleskopen besser ausmachen. Die Bilder oben wurden mit einem Teleskop gemacht, das Röntgenstrahlen statt Licht empfängt: Merkur erscheint als winziger dunkler Fleck vor dem riesigen Antlitz der Sonne.

GRÖSSE IM VERGLEICH ZUR ERDE

Der größte Krater auf dem Merkur misst 1.300 km. Das Bild zeigt die eine Hälfte dieser riesigen Kraternarbe, die andere liegt versteckt im Schatten.

DIE MARINER-SONDE
Die einzige Sonde, die je zu Merkur flog, war *Mariner 10*. Sie erreichte den Planeten 1974 und umkreiste ihn dreimal, bevor ihr der Sprit ausging. Unglücklicherweise überflog sie jedes Mal die gleiche Stelle, sodass der Merkur größtenteils noch immer ein Geheimnis ist.

Ein Tag gleich zwei Jahre

Für die Sonnenumrundung benötigt Merkur nur 88 Erdtage, das kürzeste Jahr im Sonnensystem. Sein Tag dauert doppelt so lange – auf dem Merkur geboren würde man also mit jedem Tag zwei Jahre älter. Der lange Tag kombiniert mit der ovalen Umlaufbahn hat eine eigenartige Auswirkung: An manchen Stellen des Planeten sieht man die Sonne aufgehen, hinter den Horizont sinken und schließlich noch einmal aufgehen.

Heisse Flecken

Weil er der Sonne so nah ist, wird Merkur viel heißer als die Erde. Diese Thermo-Aufnahme zeigt seine Oberflächentemperatur. Am heißesten ist es tagsüber in der Region um den Äquator (rot): Hier klettert das Thermometer bis auf glühende 430 °C, damit ist es heißer als in einem Ofen. Nachts fällt es bis –170 °C, weil die Luft fehlt, die die Wärme halten könnte.

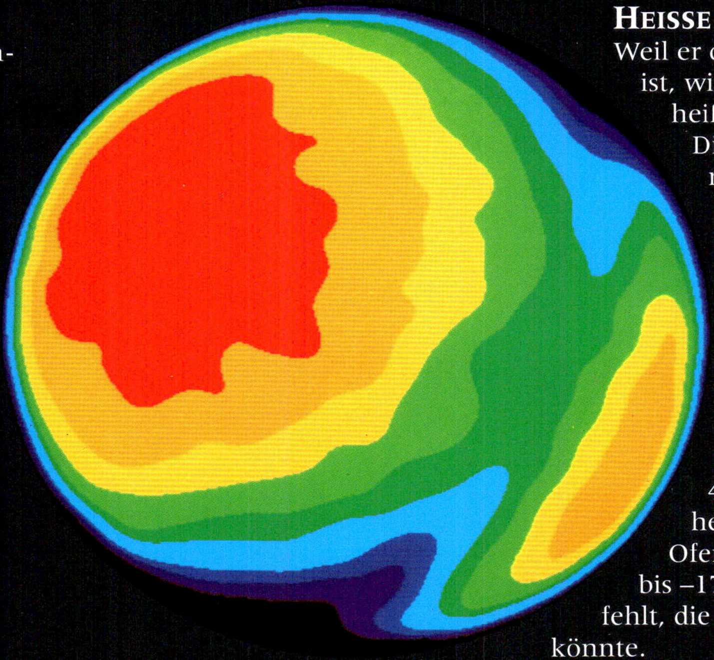

Die meisten der geografischen Erscheinungen des Merkur tragen Namen von Künstlern, wie z. B. der Mozart-Krater.

Mond-Doppelgänger

Von nahem sieht Merkur aus wie unser Mond: ohne Luft und kraterübersät. An einigen Stellen erstrecken sich über Hunderte von Kilometern steile Felswände (unten). Diese Felsen bildeten sich, als der junge Planet abkühlte und schrumpfte, wodurch seine Oberfläche »Falten« warf. Merkurs Inneres ist eine riesige Kugel aus Eisen, die 80 Prozent seiner Masse ausmacht. Durch diesen großen Eisenkern gehört er zu den Planeten mit der größten Dichte.

Einige Krater haben in der Mitte eine Erhebung. Sie entstand, als der Boden nach einem Asteroideneinschlag »zurückfederte«.

VENUS

EINIGE ASTRONOMEN NENNEN die Venus die »Hölle« des Sonnensystems: Wolken aus Säure bedecken ihre Oberfläche, und es ist so heiß, dass Blei schmilzt. Die Luft ist so dicht, dass sie einen Menschen in Sekunden zerdrücken würde. Die Venus rotiert andersherum als die Erde – die Sonne geht im Westen auf und im Osten unter – und braucht für eine Umdrehung um sich selbst 243 Erdtage. Damit ist hier ein »Tag« länger als ein »Jahr« (225 Erdtage).

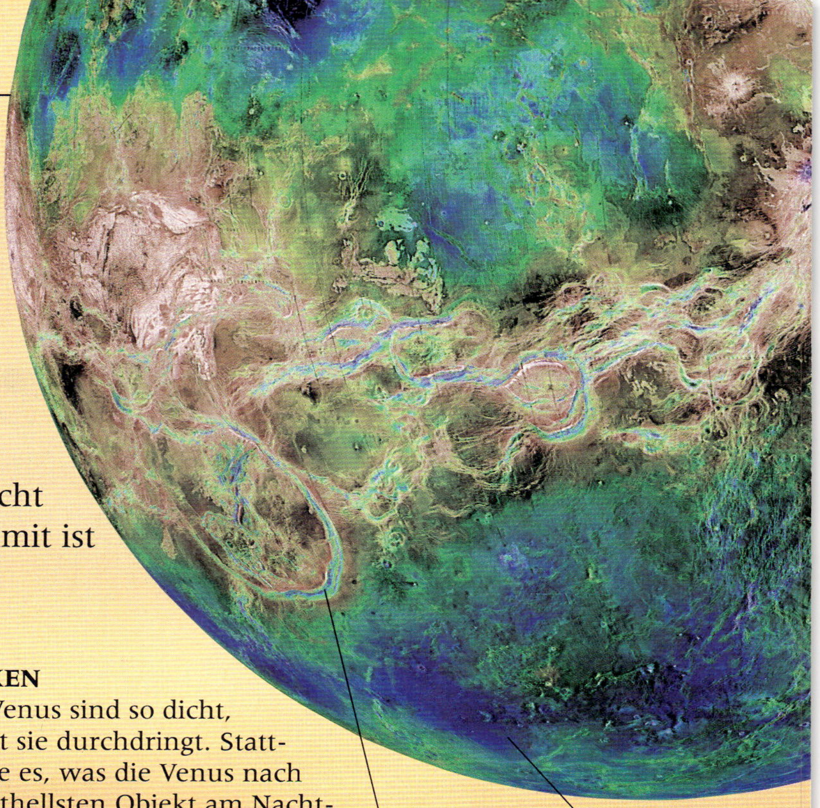

Dieses Foto wurde von der Sonde Pioneer *aufgenommen, die die Venus 1979 umkreiste.*

WIRBELNDE WOLKEN

Die Wolken auf der Venus sind so dicht, dass kein Sonnenlicht sie durchdringt. Stattdessen reflektieren sie es, was die Venus nach dem Mond zum zweithellsten Objekt am Nachthimmel macht. Die Wolken sind aus konzentrierter Schwefelsäure, und selbst wenn Astronauten nicht zermalmt oder geröstet würden, müssten sie an ihren Verätzungen sterben. Wütende Stürme mit schwarzen Wirbeln treiben die Wolken alle vier Tage um die Venus.

LAND AUS LAVA

Das Panorama wurde mit Hilfe des Computers aus Radardaten rekonstruiert. Der Berg ist Maat Mons, der größte Venus-Vulkan. Er ragt über eine Wüste aus versteinerter Lava und ist, wie vieles andere auf der Venus, nach einer Frau benannt – nach der ägyptischen Göttin der Wahrheit und Gerechtigkeit. Niemand weiß, ob der Vulkan noch aktiv ist.

GRÖSSE IM VERGLEICH ZUR ERDE

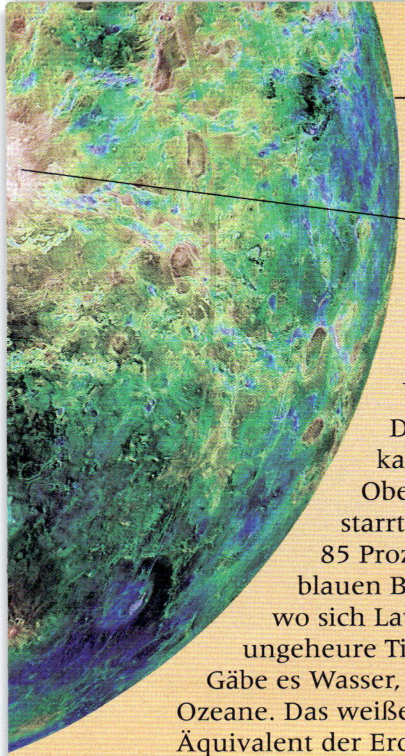

Der gigantische Maat Mons liegt in der Mitte des Hochlands.

Landung auf der Venus

Im März 1982 landete die russische Sonde *Venera 13* per Fallschirm und fotografierte die Oberfläche. Die Fotos zeigten ein orangefarbenes Ödland, übersät von Felsbrocken, womöglich Reste eines Lavaflusses. Die Helligkeit entsprach der eines bewölkten Tages auf der Erde. Auf dem Foto sind noch der Kameradeckel (links) und die Landeplattform aus Metall zu sehen. Die Sonde überstand die mörderische Venus-Atmosphäre nur 127 Minuten.

Unter den Wolken

Die Falschfarben-Radarkarte zeigt die wolkenfreie Oberfläche der Venus: Erstarrte Lava bedeckt etwa 85 Prozent des Planeten. Die blauen Bereiche lassen erkennen, wo sich Lavaströme ergossen und ungeheure Tiefebenen gebildet haben. Gäbe es Wasser, befänden sich hier Ozeane. Das weiße Hochland dagegen, Äquivalent der Erd-Kontinente, ist ein Gewirr von Bergen, Tälern und Vulkanen.

Die Pfannkuchen-Vulkane

Auf der Venus gibt es eigenartige vulkanische Strukturen, wie diese sieben einander überlappenden Felskrater. Jeder ist etwa 25 km breit und 750 m hoch. Die »Pfannkuchen-Kuppeln« sind kleine Vulkane aus zähflüssiger Lava, die fest wurde, bevor sie abfließen konnte. Dabei schrumpfte die Oberfläche und wurde rissig.

Der Vulkan Maat Mons ist ungefähr 8 km hoch.

Die Oberflächentemperatur beträgt flirrende 482 °C.

ERDE

DER PLANET ERDE – DER DRITTE »FELS« von der Sonne aus – ist in vieler Hinsicht einzigartig. Soweit wir wissen, ist er der einzige Planet, auf dem es Leben gibt: dank des Wassers der Ozeane und des Sauerstoffs in der Atmosphäre. Anders als der heiße Merkur und der eiskalte Neptun ist die Erde in einem idealen Abstand zur Sonne. Sie ist durch den großen Eisenkern in ihrem Inneren recht schwer. Die wirbelnden Bewegungen dieses flüssigen Eisens sorgen für ein kräftiges Magnetfeld, das uns vor schädlichen Sonnenpartikeln schützt. Die Erdatmosphäre schirmt auch gefährliche Sonnenstrahlung ab.

DIE ERDATMOSPHÄRE
Wasser bedeckt etwa 70 Prozent der Erdoberfläche. Es erzeugt eine angenehme Temperatur. Verdunstetes Wasser in Verbindung mit anderen Gasen bildet die Erdatmosphäre. Ihre wirbelnden weißen Wolken sind ständig in Bewegung und werden vom Wind um den ganzen Planeten getrieben.

DIE RASTLOSE ERDE
Die Erde ist keine solide Kugel, sondern besteht aus verschiedenen Schichten. Die Oberfläche bedeckt eine dünne Kruste aus Gestein mit den Kontinenten und Ozeanböden. Die aus dem Kern der Erde aufsteigende Hitze versetzt diese so genann-ten Platten in Bewegung. Dadurch verändert sich die Oberfläche unseres Planeten ständig.

Dieses Bild zeigt die Erdoberfläche, wie sie ohne Wasser aussähe.

Aus dem All wirken die Kontinente dunkelgrün oder braun, die Ozeane blau. Weil der Nahe Osten wolkenfrei ist, sind die Arabische Halbinsel und die Sahara gut zu erkennen.

Ein Wasserplanet

Wasser gibt es auf der Erde in vielen Formen: flüssig (Regen, Meere, Seen, Flüsse), gasförmig (unsichtbarer Wasserdampf), fest (Eis). Wasser ermöglicht nicht nur das Leben auf unserem Planeten, es formt auch das Land. Das Foto zeigt das Geflecht der Gangesmündung in den Golf von Bengalen. Das Flachland wurde durch Flusssedimente über Jahrtausende hinweg aufgeschüttet.

Das Ganges-Delta, vom Spaceshuttle aus gesehen

Bergketten

Bergketten erheben sich meist dort, wo Kontinentalplatten zusammenstoßen und sich übereinander schieben. Der Mount Everest im Himalaya, hier vom Spaceshuttle aus fotografiert, ist die höchste Erhebung über Meeresniveau. Der höchste Berg aber, gemessen von seinem Fuß auf dem Meeresgrund, ist Mauna Loa, eine Vulkaninsel bei Hawaii.

Der Mount Everest zwischen China und Nepal

Natur im Yosemite-Nationalpark in den USA

Reich an Leben

Fast überall auf der Erde existiert Leben, ob auf dem höchsten Berg oder in der tiefsten Höhle. Niemand weiß, wie viele Arten von Lebewesen es auf der Erde gibt – die Zahl aber geht in die Millionen. Die ersten primitiven Formen entstanden wahrscheinlich vor etwa 3,8 Milliarden Jahren in den Ozeanen. Tiere gibt es erst seit ca. 600 Millionen, den Menschen sogar erst seit 100.000 Jahren.

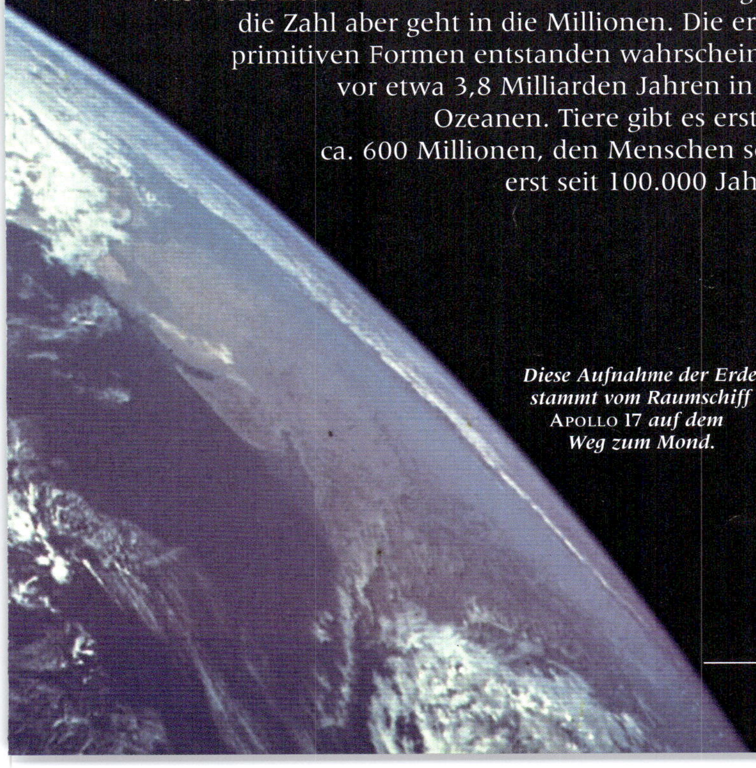

Diese Aufnahme der Erde stammt vom Raumschiff Apollo 17 *auf dem Weg zum Mond.*

Erdbeben und Vulkane

Die Grenzen der Kontinentalplatten können gefährlich sein: Stoßen die Platten aufeinander oder verschieben sie sich gegeneinander, kommt es zu heftigen Erdbeben. Solche Beben setzen mehr Energie frei als eine Atombombe. Vulkane brechen aus, wenn flüssiges Gestein an die Oberfläche steigt: Lava und Asche werden über große Gebiete verteilt. Hier spuckt der Kljutschewskaja Sopka braune Wolken.

Vulkanausbruch, vom Spaceshuttle aus aufgenommen

DER MOND

UNSER NÄCHSTER NACHBAR IM ALL – der Mond – kreist seit etwa 4,5 Milliarden Jahren um die Erde. Möglicherweise entstand er, als ein Objekt von Marsgröße auf die junge Erde prallte. Daraufhin löste sich eine riesige Menge Materie von der Erde, aus der sich der Mond bildete. Er ist kleiner als die Erde und hat eine geringere Schwerkraft, weshalb er weder Wasser noch Luft »festhalten« kann. Da keine Erosion die Oberfläche verändert, hinterlässt alles, was auf ihn stürzt, langfristige Spuren. Die dunklen Regionen auf dem Mond werden »Mare«, Meer, genannt: Aufprallende Meteoriten setzten so viel Energie frei, dass Lava aufstieg und auf dem Kraterboden erstarrte.

DIE ERDE GEHT AUF
Die Astronauten von *Apollo 8* waren die ersten Menschen, die bei ihren Mondumkreisungen im Dezember 1968 die Erde auf- und untergehen sahen. Sie wirkte neben dem grauen, kargen Mond wie eine Oase. Die Ozeane sind hier deutlich zu sehen.

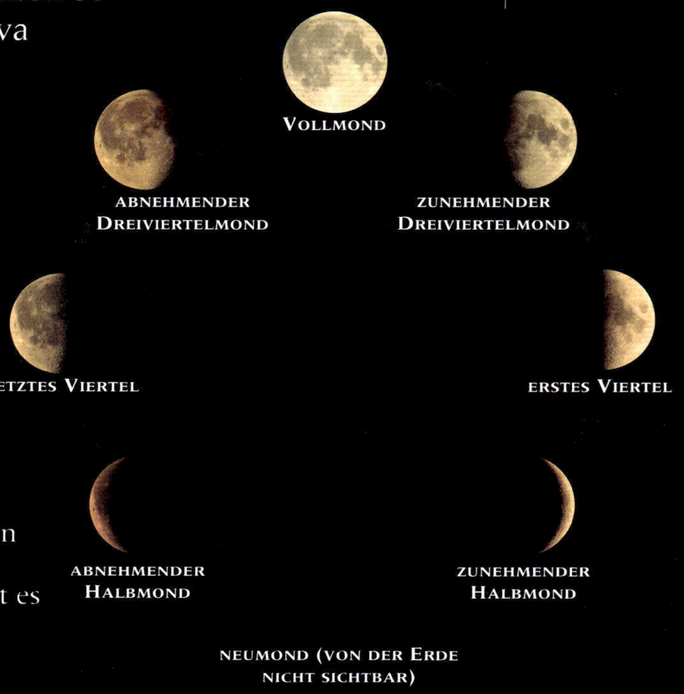

DIE MONDPHASEN
Der Mond selbst sendet kein Licht aus. Wir sehen ihn nur, weil er wie ein riesiger Spiegel das Sonnenlicht reflektiert: Beim Umlauf um die Erde scheint er seine Form zu ändern, weil er unterschiedlich viel Sonnenlicht reflektiert: Man spricht hier von den Mondphasen. Von einem Vollmond zum nächsten dauert es 29,5 Tage.

KRATER
Die Mondoberfläche ist kraterübersät – von kleinen Löchern bis zu riesigen Becken von mehr als 200 km Durchmesser. Die meist kreisförmigen Krater haben hohe Ränder, die sich beim Aufschlag aus Trümmern bildeten. Viele haben eine Erhebung in der Mitte, entstanden aus einem »Rückprall« nach der Kollision. Junge Krater sind umgeben von aufgeworfener Materie, sichtbar als helle Streifen.

In dieser Skizze sind die Größen von Erde und Mond sowie die Distanz dazwischen maßstabsgerecht wiedergegeben.

Die Entfernung zwischen Erde und Mond beträgt 384.400 km.

Schätze auf dem Mond

Neben Metallen wie Titan, Eisen und Magnesium gibt es auf dem Mond ein seltenes Gas namens Helium-3, das eines Tages die Energieprobleme der Erde lösen könnte. Das Falschfarbenbild der Sonde *Galileo* zeigt die titanreiche Mare-Tranquilitatis-Ebene in Blau. Die meisten der Mondhochebenen erscheinen orange: titan- und eisenarm.

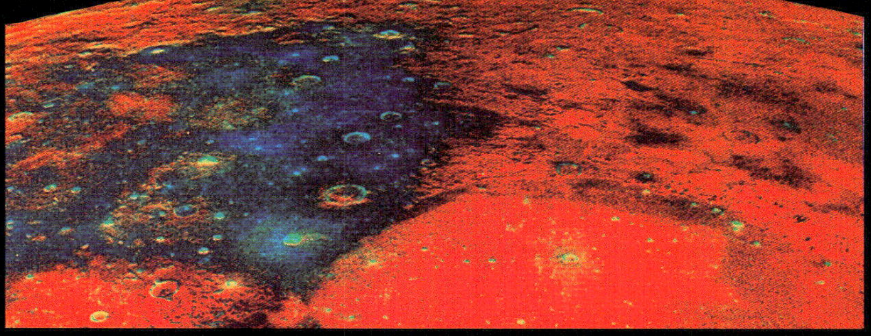

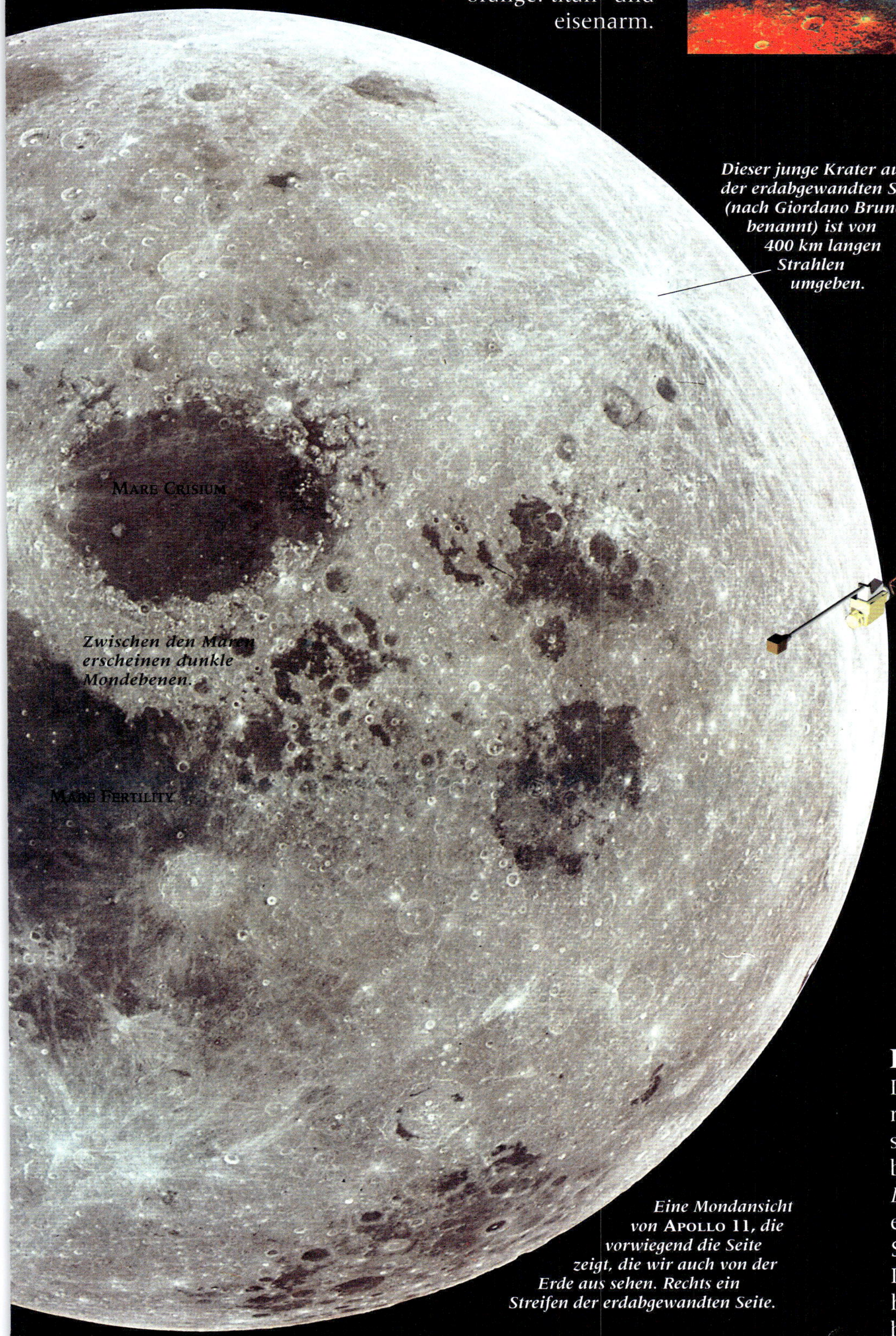

Dieser junge Krater auf der erdabgewandten Seite (nach Giordano Bruno benannt) ist von 400 km langen Strahlen umgeben.

Zwischen den Maren erscheinen dunkle Mondebenen.

Eine Mondansicht von Apollo 11, die vorwiegend die Seite zeigt, die wir auch von der Erde aus sehen. Rechts ein Streifen der erdabgewandten Seite.

Lunar Prospector

Im Jahr 1998 umkreiste das Raumfahrzeug *Lunar Prospector* den Mond. Es entdeckte ungeheure Eisvorräte an den Polen, die möglicherweise von Kometen stammen. Das Eis bleibt gefroren, weil die Kraterböden der Polarregionen immer im Schatten liegen.

Die erdabgewandte Seite

Da sich der Mond während einer Erdumrundung exakt einmal um sich selbst dreht, sehen wir immer dieselbe Seite. Die andere blieb ein Rätsel – bis die russische Sonde *Luna 3* hinter den Mond reiste und 1959 die ersten Aufnahmen zur Erde sandte. Diese Seite ist ganz anders beschaffen, sie hat mehr Krater, aber weniger Mare. Die Kruste ist hier dicker und widersteht den Aufschlägen besser. Viele Krater wurden nach Wissenschaftlern benannt.

MOND

Mit seiner Geschwindigkeit von 38.916 km/h brauchte Apollo 11 drei Tage bis zum Mond.

62.550 km vor dem Mond haben die Raumfahrzeuge die Schwerkraft der Erde überwunden und werden vom Mond angezogen.

DER MENSCH AUF DEM MOND

IM JAHR 1961 KÜNDIGTE PRÄSIDENT John F. Kennedy an, die USA würden noch in diesem Jahrzehnt einen Menschen auf den Mond bringen. Am 20. Juli 1969 wurde dieses Versprechen wahr. Über 500 Millionen staunende Fernsehzuschauer waren dabei, als Neil Armstrong als erster Mensch den Mond betrat. *Apollo 11* und fünf nachfolgende Missionen brachten zwischen 1969 und 1972 insgesamt zwölf Menschen auf den Mond; dabei war die dramatische, fast fatale Explosion während der Reise von *Apollo 13* der einzige Fehlschlag. In insgesamt 80 Stunden außerhalb der Landefahrzeuge sammelten die Astronauten Steine, machten Fotos und führten Experimente durch, um mehr über den Mond herauszufinden.

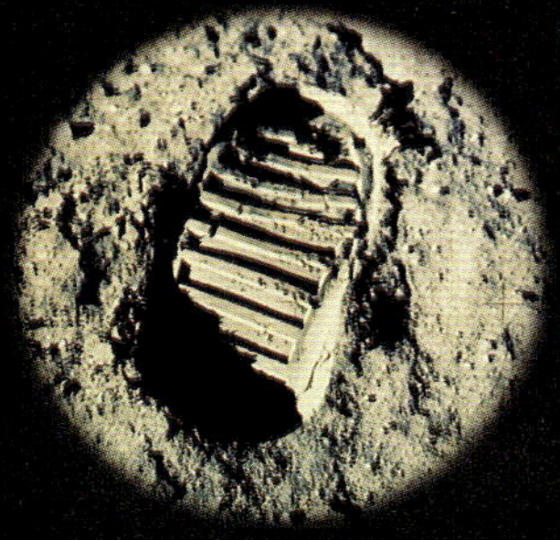

Da es weder Wind noch Regen gibt, werden die Fußabdrücke der Astronauten Jahrmillionen im Mondstaub sichtbar bleiben.

DIE MONDSTATION
»Der Eagle ist gelandet!«, meldeten die Astronauten, als das erste Landemodul aufsetzte. Es war nicht nur ein Transportmittel, sondern auch das Zuhause der Astronauten. Nach drei Tagen brachte es Buzz Aldrin und Neil Armstrong wieder zu dem um den Mond kreisenden Apollo-Raumschiff zurück. Für die Ankopplung wurden die Landebeine zurückgelassen.

Die Astronauten der Apollo 16 erkundeten mit dem Mondfahrzeug Mondhochebenen.

SPRÜNGE AUF DEM MOND
Sich in einer Umgebung mit sehr geringer Schwerkraft aufzuhalten, kann eine eigenartige Erfahrung sein. Ein Astronaut, der mit seinem Raumanzug auf der Erde 135 kg wiegt, bringt es auf dem Mond nur auf 23 kg. John Young springt hier mühelos einen Meter hoch, während er vor der Fahne der USA salutiert. Weil es keinen Wind gibt, hat man sie mit einem Stock befestigt, damit sie gerade hängt. Hinter der Flagge sind Landemodul und Mondfahrzeug zu sehen.

QUERFELDEIN MIT VIERRADANTRIEB
Auf den letzten drei Missionen hatten die Astronauten ein Mondfahrzeug, den Mond-Buggy, dabei. Mit dem zusammenklappbaren batteriebetriebenen Gefährt waren Ausflüge im Umkreis von 26 km um das Landemodul möglich. Der Buggy hatte wegen der extremen Geländeverhältnisse sehr feste Reifen, seine Höchstgeschwindigkeit betrug 18 km/h. Hinten befanden sich ein Werkzeugkasten und Taschen für Proben.

Mondmissionen

Die Wissenschaft hoffte, dass die *Apollo*-Missionen viele der Rätsel des Mondes lösen würden. Auf diesem Foto der 1972 gelandeten *Apollo 17* studiert der Wissenschaftler des Teams einen großen Felsen, der von einem Berg gerollt war. Man installierte auch Instrumente, um Erschütterungen und Mondbeben zu registrieren und das Mondinnere zu erforschen. Von sechs Missionen wurden 388 kg Fels und Bodenproben mitgebracht. Ihre Untersuchung ließ Rückschlüsse auf die Geschichte des Mondes zu.

Die Mineralien im Mondgestein sind unter dem Mikroskop gut erkennbar. Viele davon bildeten sich vor Jahrmilliarden in den Lavaströmen.

Überleben im All

Wenn Astronauten die Sicherheit ihres Raumfahrzeugs verlassen, brauchen sie Raumanzüge zum Schutz vor Strahlung und um atmen zu können. Mondastronauten tragen Unterwäsche mit Wasserschläuchen, die die Körpertemperatur regeln. Der Anzug hat eine Vorrichtung zum Auffangen von Urin, der durch ein Loch unter einer Klappe am rechten Bein entsorgt wird. Mit Hilfe braucht man 45 Minuten, um den Anzug anzuziehen.

Buzz Aldrin im Apollo-Druckanzug. Im Visier spiegelt sich Neil Armstrong, der die Aufnahme machte.

Der Helm hat ein goldüberzogenes Visier zum Schutz vor Hitze und Licht.

Rucksack-Kontrollbox

Lichtstifttasche

Der Rucksack (korrekt: tragbares Lebenserhaltungssystem) versorgt die Astronauten mit Sauerstoff, Wasser, Strom und Informationen.

Sonnenbrillen-Tasche

Auf dem Mond ist es absolut still – es gibt keine Luft, die Geräusche überträgt. Die Astronauten sprachen über Sender in ihren Helmen miteinander, auch wenn sie direkt nebeneinander standen.

Schläuche zum Rucksack für Luftversorgung, Kühlung und Kommunikation

Urinauslass

MARS

UNSER NACHBARPLANET IM SONNENSYSTEM hat Astronomen seit Jahrhunderten fasziniert. In mancher Hinsicht ist er der Erde sehr ähnlich: Sein Tag dauert 25 Stunden, es gibt Vulkane, Täler und Eiskappen an den Polen, die sich mit den Jahreszeiten verändern. Vor Milliarden von Jahren besaß der Mars noch eine Atmosphäre, in der möglicherweise Leben existierte. Trockene, gewundene Täler lassen darauf schließen, dass es einmal Flüsse gab. Allmählich aber entwich ein Großteil der Atmosphäre ins All, und der Planet erkaltete. Heute ist er eine frostige Wüste.

Das riesige Tal in der Mitte der Abbildung ist so lang wie die Strecke Paris–Athen.

Die dunklen Kreise, aus dem All sichtbar, sind gigantische Vulkane.

Die dunstigen weißen Marswolken bestehen aus gefrorenem Kohlendioxid und Wassereis.

DER ROTE PLANET

Mars ist in klaren Nächten gut als heller, roter »Stern« zu sehen. Die Farbe erinnerte die alten Römer an im Kampf vergossenes Blut, und sie gaben dem Planeten den Namen ihres Kriegsgottes. Die Farbe verdankt Mars dem Eisenoxid – Rost – in den Felsen und dem Staub seiner Oberfläche. Die dunkleren Flächen verändern mit den Jahreszeiten ihre Größe, weshalb man sie bis vor kurzem noch für Vegetation hielt – tatsächlich aber gibt es auf dem Mars nur Fels und Staub.

Der aufgewirbelte Staub lässt den Horizont orange schimmern.

EIN ROTER HIMMEL

Die Atmosphäre auf dem Mars ist 100-mal dünner als auf der Erde, und sie enthält feinen Staub, der den Himmel orangerot färbt. Heftige Stürme können mit bis zu 400 km/h ungeheure Staubwolken auftürmen, die die Oberfläche dem Blick entziehen. Die Luft besteht hauptsächlich aus Kohlendioxid – Besucher von der Erde müssten Schutzanzüge tragen, um hier atmen zu können.

GRÖSSE IM VERGLEICH ZUR ERDE

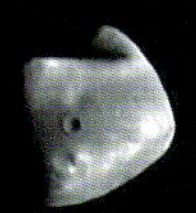

DEIMOS

PHOBOS

Die Monde des Mars

Der Mars hat zwei winzige Monde, Phobos und Deimos. Möglicherweise sind es Asteroiden, die der Planet eingefangen hat. Phobos ist an seiner breitesten Stelle nur 28 km groß. Ein Astronaut hätte große Schwierigkeiten, am Boden zu bleiben – er würde hier 1.000-mal weniger als auf der Erde wiegen. Deimos ist mit seinen 14 km Durchmesser der kleinste bekannte Mond des Sonnensystems.

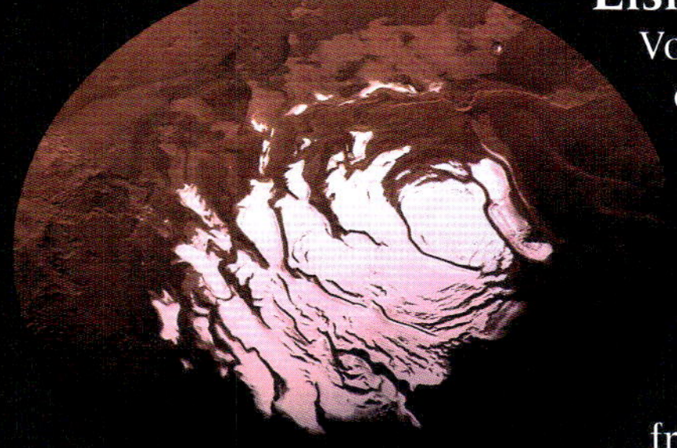

Eisige Pole

Vor langer Zeit war es vielleicht warm auf dem Mars, heute aber ist es mit einer Durchschnittstemperatur von –63 °C frostig. Das Bild zeigt den mit gefrorenem Kohlendioxid bedeckten Südpol im Sommer; das »Trockeneis« erstreckt sich etwa über 400 km. Im Winter vergrößert sich die Fläche. Der Nordpol ist von gefrorenem Kohlendioxid und Wasser bedeckt.

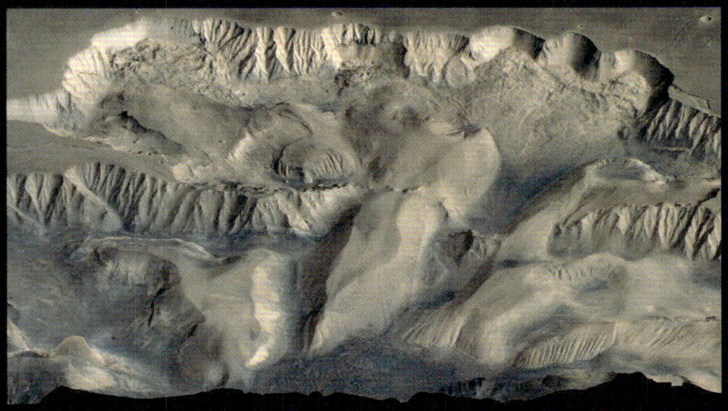

Riesige Täler

Die dunkle Rinne ist ein Tal, viermal tiefer und zehnmal länger als der Grand Canyon. Das Bild zeigt nur einen winzigen Teil davon. Klippen türmen sich bis zu 6 km von der Talsohle auf, an manchen Stellen sind sie in ungeheuren Erdrutschen zusammengestürzt. Dieser Canyon wird Valles Marineris genannt. Er entstand durch Bewegungen in der Kruste des Planeten, die über Jahrmillionen die Oberfläche aufbrechen ließen.

Olympus Mons

Der Mars beheimatet den größten bekannten Vulkan des Sonnensystems: Olympus Mons. Er dehnt sich weiter aus als England und ist dreimal höher als der Mount Everest. Vor einer Milliarde Jahren brach er zum letzten Mal aus. Trotz seiner Größe war das möglicherweise kein sehr erschreckender Anblick: Die Lava strömte jahrtausendelang und formte allmählich den rekordverdächtigen Vulkan.

Eine steile, 4 km hohe Felswand begrenzt den Olympus Mons.

MARS-MISSIONEN

ASTRONOMEN TRÄUMEN SEIT LANGEM davon, Menschen zum Mars zu schicken, bisher aber sind nur Robotersonden auf ihm gelandet. Die erste Mars-Mission fand 1976 statt, als die beiden *Viking*-Sonden sicher auf ihm landeten. Erst kürzlich sorgte *Pathfinder* per Airbag für eine dramatische Landung. Dank dieser und anderer Missionen weiß man heute mehr über den roten Planeten als über jeden anderen Planeten außer der Erde. Ein Rätsel aber bleibt: Gab es jemals Leben auf dem Mars?

DIE *VIKING*-SONDEN WURDEN AUF DER ERDE GETESTET.

SUCHE NACH LEBEN

Die *Viking*-Sonden suchten nach Leben auf dem Mars. Sie hatten je einen beweglichen Arm, um Bodenproben zu nehmen; im Bordlabor wurde analysiert, ob sie Strukturen lebender Organismen enthielten. Das Ergebnis war enttäuschend: Es fand sich kein Hinweis, dass es auf dem Mars je Leben gegeben hatte.

EIN MARS-PANORAMA

Das Bild unten wurde von *Pathfinder* mit einer beweglichen Kamera aufgenommen. Es zeigt den Blick, als stünde man auf dem Mars und drehe sich einmal um die eigene Achse. So weit das Auge reicht, sieht man nur Steine und roten Staub. Wissenschaftler sind der Ansicht, dass diese Brocken von einer gewaltigen Flut vor Jahrmillionen angeschwemmt wurden.

DIE INVASION DER »VIKINGS«

Nach jahrelangem Flug sanken die *Viking*-Sonden an Fallschirmen in zwei sorgfältig ausgewählte Marsgebiete. Sie sandten erstmals Bilder von der Oberfläche, die eine staubige, felsübersäte Landschaft mit einem orangefarbenen Himmel erkennen ließen. Die Sonden machten etwa 4.500 Fotos und untersuchten das Wetter im Jahresverlauf. *Viking 1* war mehr als sechs Jahre lang in Betrieb.

BLICK VON *VIKING* AUF DIE MARSLANDSCHAFT

DIE ZWILLINGSHÜGEL

Pathfinder landete 1997 verlockend nahe bei zwei Hügeln, genannt »die Zwillinge«. Sie waren nur einen Kilometer entfernt, aber für den Mars-Buggy dennoch zu weit weg. Trotzdem bildeten die Hügel einen wichtigen Geländepunkt, mit dem die Wissenschaftler *Pathfinder* genau lokalisieren konnten. Der größere der beiden ist 46 m hoch.

Sojourner *hatte etwa die Größe einer Mikrowelle. Er fuhr nur einige Meter pro Tag.*

Blauer Sonnenuntergang

Der Marshimmel ist wegen des Staubs in der Atmosphäre den Tag über orangerot. Bei Sonnenuntergang färbt er sich um die Sonne herum blau. Weil sich der Staub auch weit oben in der Atmosphäre befindet, glüht der Himmel noch mehr als eine Stunde nach Sonnenuntergang.

Der Mars-Buggy

Pathfinder hatte ein ferngesteuertes Fahrzeug namens *Sojourner* dabei, das die Umgebung des Landeplatzes untersuchte und das Marsgestein mit bordeigenen Instrumenten chemisch analysierte. Die sechs Räder waren einzeln aufgehängt, sodass auch Fahrten über Felsen möglich waren. Wissenschaftler konnten von der Erde aus *Sojourners* Weg per *Pathfinder*-Kamera verfolgen; der Buggy selbst benutzte eine eigene Kamera, um seinen Weg zu finden.

Diese Berge könnte eine Flut vor Jahrmillionen geformt haben.

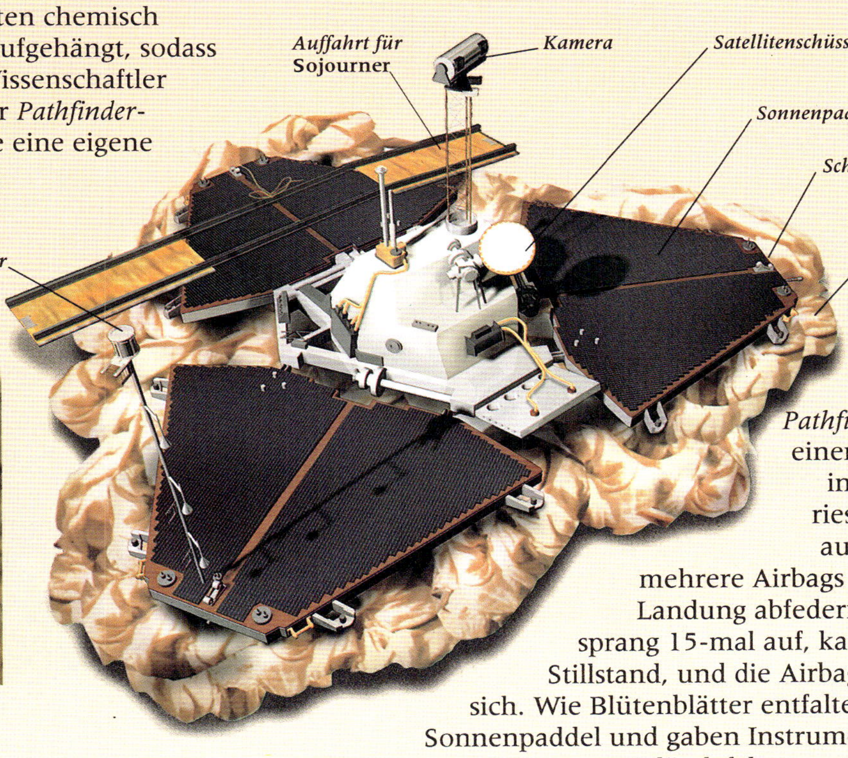

Pralle Landung

Pathfinder sank an einem Fallschirm inmitten eines riesigen »Balls« auf den Mars – mehrere Airbags sollten seine Landung abfedern. Die Sonde sprang 15-mal auf, kam dann zum Stillstand, und die Airbags entleerten sich. Wie Blütenblätter entfalteten sich drei Sonnenpaddel und gaben Instrumente und das Geländefahrzeug *Sojourner* frei.

JUPITER

JUPITER IST DER GRÖSSTE PLANET im Sonnensystem – die Erde fände in ihm 1.300-mal Platz. Er wird »Gasriese« genannt, weil er hauptsächlich aus Wasserstoff besteht. An seiner Oberfläche wird das Gas durch die schnelle Rotation (Jupiter dreht sich in nur zehn Stunden um sich selbst) in Wolkenstreifen verwirbelt. Unter den Wolken gibt es keine feste Kruste, das Gas wird zu einem unermesslichen Ozean aus heißem, flüssigem Wasserstoff und noch tiefer schließlich zu einer Art flüssigem Metall. Der Planetenkern besteht vermutlich aus geschmolzenem Gestein, sechsmal heißer als die Oberfläche der Sonne.

SELBSTMORD-SONDE

Im Dezember 1995 setzte das Raumfahrzeug *Galileo* eine kleine Sonde zum Jupiter ab, die mit 170.000 km/h durch die oberen Wolken schlug. Zwei Minuten später öffneten sich die Fallschirme. Eine Stunde lang analysierte die Sonde die chemische Beschaffenheit der Wolken und übermittelte Radiosignale zu *Galileo* im Orbit, bevor sie so tief sank, dass sie von der heißen Atmosphäre zermalmt wurde und schmolz.

Wirbelstürme im Großen Roten Fleck: bis zu 400 km/h schnell

DER GROSSE ROTE FLECK

Jupiters berühmtestes Kennzeichen ist der Große Rote Fleck, ein ungeheurer, seit mindestens 300 Jahren ununterbrochen tobender Wirbelsturm. Mit 25.000 km Ausbreitung ist er doppelt so groß wie die Erde. Stürmische Winde kreisen um ihn und versetzen die Wolken in Wellenbewegungen. Der Fleck braucht für eine Umkreisung um sich selbst gegen den Uhrzeigersinn etwa zwölf Tage. Seine Farbe stammt vermutlich von Phosphorteilchen.

GRÖSSE DER ERDE IM VERGLEICH ZU JUPITER/-MONDEN

KALLISTO GANYMED EUROPA

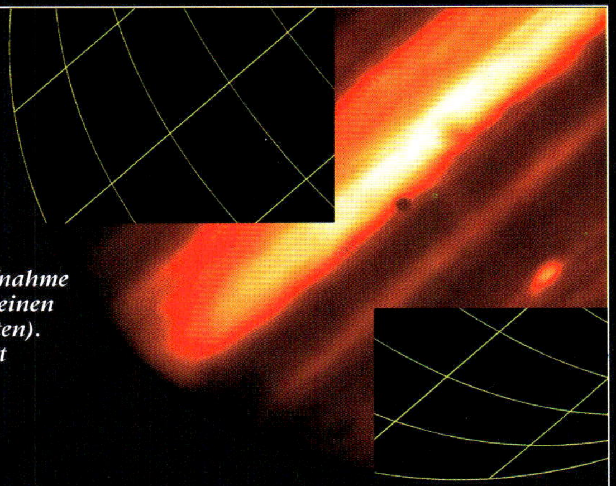

Diese Hubble-Aufnahme des Jupiters zeigt einen dünnen Ring (unten). Der helle Punkt ist ein kleiner Mond namens Metis.

Ein hauchfeiner Ring

Voyager 1 entdeckte einen blassen Ring um den Jupiter-Äquator, der sich Tausende von Kilometern in den Raum ausdehnt, möglicherweise aber nur weniger als einen Kilometer dick ist. Er besteht aus winzigen Staubpartikeln, vermutlich Trümmer einer Kometenkollision mit einem Jupitermond.

Io, einer der Jupitermonde

Die beiden Voyager-Sonden erreichten Jupiter 1979. Sie machten über 33.000 Aufnahmen von ihm und seinen Monden.

Polarlicht auf Jupiter, vom Hubble-Weltraumteleskop im UV-Licht aufgenommen.

Leuchtende Pole

Von Jupiters höchsten Wolken aus könnte man nachts eine ungewöhnliche Lichterschau beobachten: 10.000-mal stärkere Blitze als auf der Erde zucken durch die Wolken, um die Pole leuchten helle Polarlichter. Dieses Licht verursachen elektrisch geladene Vulkanteilchen von Io, einem der 16 Jupitermonde, die durch das Magnetfeld zu den Polen geleitet wurden.

Io

DIE JUPITERMONDE

DIE ENORME SCHWERKRAFT des Jupiter hält insgesamt 16 Monde in ihrer Bahn. Manche von ihnen sind größer als Planeten – astronomisch aber handelt es sich um Monde, weil sie um Jupiter kreisen und nicht um die Sonne. Die vier größten Jupitermonde sind nachts mit einem Fernglas erkennbar; es sind Ganymed, Kallisto, Io und Europa. Die anderen sind eher Asteroiden als Monde: Sie sind klein, unregelmäßig geformt und kraterbedeckt. Der größte der kleinen Monde, Amalthea, misst an seiner breitesten Stelle 270 km; das Nesthäkchen ist Leda mit nur 16 km.

DER KÖNIG DER MONDE

Ganymed ist der größte Mond des Sonnensystems, größer noch als die Planeten Pluto und Merkur. Er ist eine Mischung aus Fels und Eis, mit weißen Kratern dort, wo Meteoriten in sein eisiges Inneres einschlugen. Die dunklen Bereiche sind uralte, kraterübersäte Landschaften, die sich über Jahrmilliarden nicht verändert haben. Die blasseren Zonen sind flacher und möglicherweise mit Eis gefüllt.

NARBENGESICHT

Kallisto ist die zerklüftetste Welt des Sonnensystems. Tausende von Meteoriten haben vor Jahrmilliarden die Oberfläche des Mondes nachhaltig mit Kratern überzogen. Das helle Gebiet oben ist Walhalla, der größte Krater. Der Meteor, der diese Narbe hinterließ, muss riesig gewesen sein: Die Druckwelle nach seinem Einschlag verursachte Wellenlinien von über 3.000 km Ausdehnung.

Die Sonde **Galileo** *umkreist und studiert Jupiter mit seinen Monden seit 1995.*

Kallisto ist eine frostige Mischung aus Eis und Gestein. Seine Temperatur schwankt zwischen –118 °C am Tag und –193 °C nachts.

Bunte Schwefelflecken: Io sieht aus wie eine riesige Pizza.

Von innen nach aussen

Jupiters verrücktester Mond ist Io. Er hat so viele aktive Vulkane, dass er beständig sein Inneres nach außen stülpt. Die Vulkane spucken Schwefellava und Gasfontänen Hunderte Kilometer hoch. Lava und Gas erstarren dann an der Oberfläche als gelbe und orangefarbene Flecken. Io hat so viele Vulkane, weil er zwischen der Anziehungskraft von Jupiter und von Europa hin- und hergezerrt wird. Dadurch heizt sich sein Inneres extrem auf.

Ein Vulkan (links) stößt Materie 300 km hoch in den Raum aus.

Eisiges Land

Der Mond Europa ist vollständig von einem gewaltigen Ozean aus Eis bedeckt. Wenn das Sonnenlicht seine eisige Oberfläche erreicht, erstrahlt er in blendendem Weiß. Er hat so gut wie keine Krater – das Eis wird sie gefüllt und bedeckt haben. Einige Gebiete Europas besitzen Ähnlichkeit mit treibenden Eisschollen im Nordpolarmeer, was manche Astronomen vermuten lässt, es gebe unter der Eisschicht einen Ozean aus Schlamm oder Wasser, vielleicht sogar mit fremdartigen Formen von Leben.

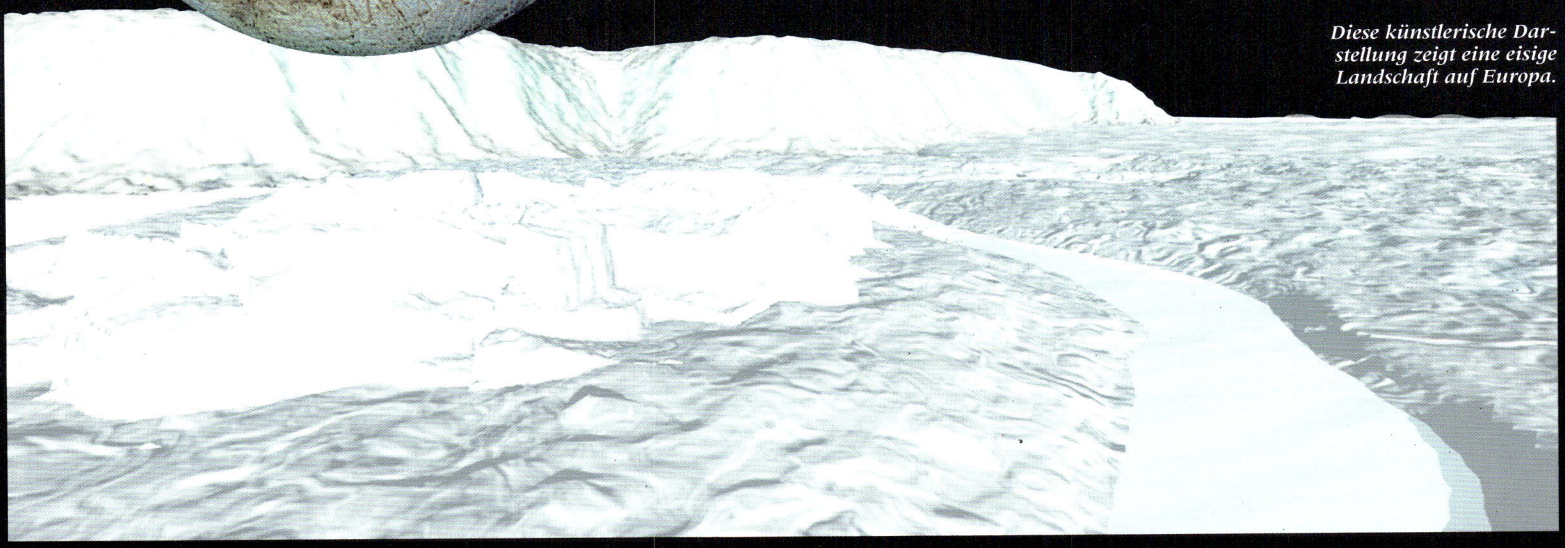

Diese künstlerische Darstellung zeigt eine eisige Landschaft auf Europa.

SATURN

SATURN HAT DIE SPEKTAKULÄRSTEN und größten Ringe, er hält aber noch andere Rekorde. Er rotiert so schnell, dass er sich am Äquator »ausbeult«, was ihn zum flachsten Planeten macht. Er hat außerdem die meisten Monde – bisher sind 18 bekannt. Die Ringe könnten Überreste eines Eismondes sein, der durch Kometeneinschlag zertrümmert wurde. Saturn ist auch der Planet mit der geringsten Dichte: Setzte man alle Planeten in einen riesigen Eimer Wasser, würde er als einziger schwimmen.

GRÖSSE IM VERGLEICH ZUR ERDE

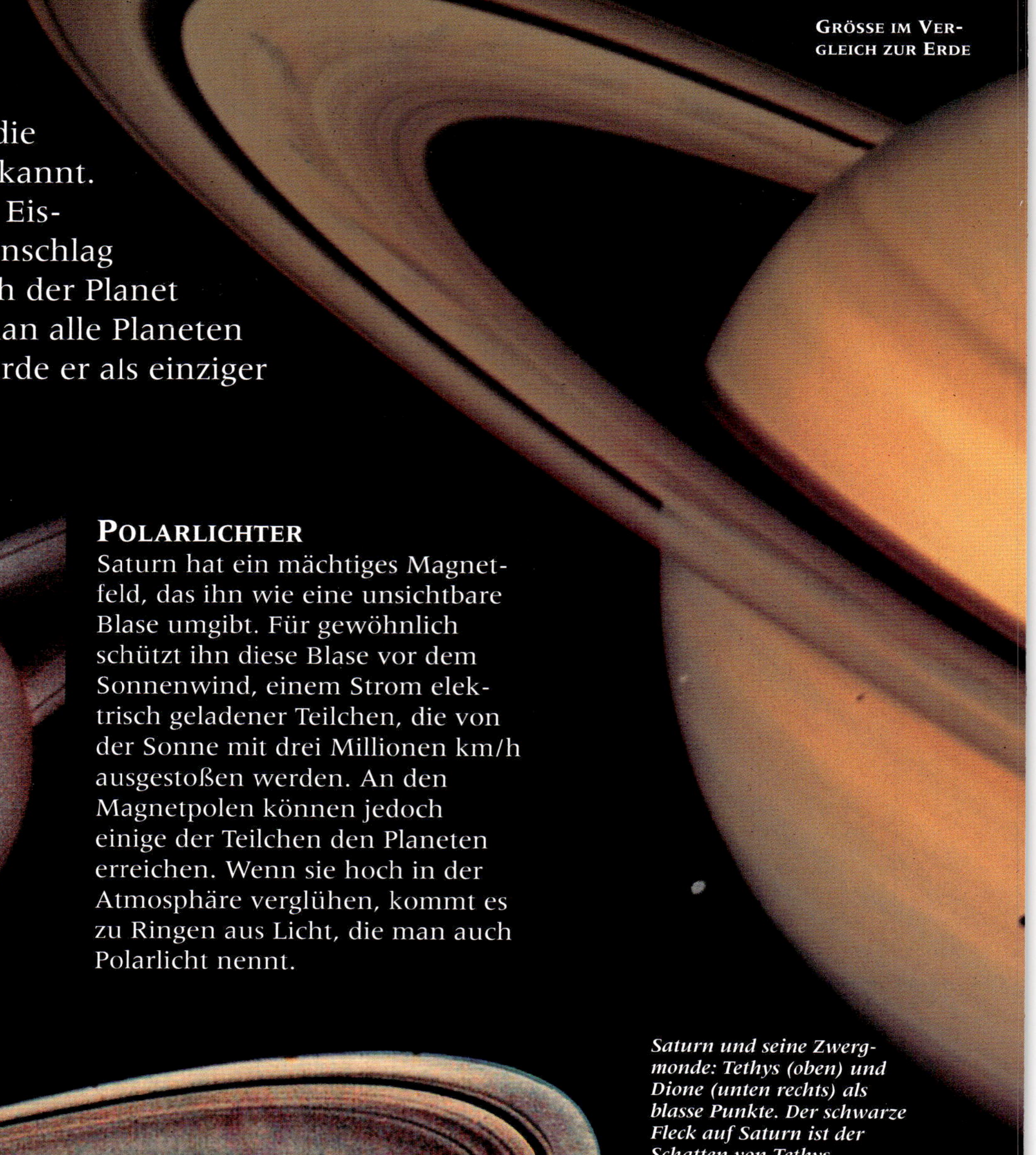

Saturn und seine Zwergmonde: Tethys (oben) und Dione (unten rechts) als blasse Punkte. Der schwarze Fleck auf Saturn ist der Schatten von Tethys.

POLARLICHTER
Saturn hat ein mächtiges Magnetfeld, das ihn wie eine unsichtbare Blase umgibt. Für gewöhnlich schützt ihn diese Blase vor dem Sonnenwind, einem Strom elektrisch geladener Teilchen, die von der Sonne mit drei Millionen km/h ausgestoßen werden. An den Magnetpolen können jedoch einige der Teilchen den Planeten erreichen. Wenn sie hoch in der Atmosphäre verglühen, kommt es zu Ringen aus Licht, die man auch Polarlicht nennt.

EIN BLICK IN DIE RINGE
Die Saturnringe bestehen aus Millionen von funkelnden Eisbrocken, klein wie ein Sandkorn oder groß wie ein Haus. Die Ringe sind so weit und hell, dass sie schon mit einem kleinen Teleskop erkennbar sind. Niemand weiß, wie sie entstanden sind. Vielleicht sind sie die Trümmer eines Mondes, der von einem Kometen zerschmettert oder von Saturns Schwerkraft zerrieben wurde. Die Falschfarben-Aufnahme zeigt, dass es eigentlich Hunderte von kleinen Ringen sind; die Lücken dazwischen entstehen durch die Schwerkraft der Saturnmonde.

Saturn – ein riesiger rotierender Klecks aus Flüssigkeit und Gas – ist der zweitgrößte Planet.

Landung auf Titan

2004 wird an einem Fallschirm eine Sonde durch die dichten orangefarbenen Wolken auf Titan, Saturns größtem Mond, landen. Er ist der einzige Mond im Sonnensystem mit nennenswerter Atmosphäre. Die undurchdringlichen Wolken machten aus seiner Oberfläche bislang ein Rätsel. Wissenschaftler meinen, seine Atmosphäre ähnele der der Erde vor Jahrmilliarden – Titan könnte also Hinweise auf den Ursprung des Lebens liefern. Leider aber ist seine Oberfläche zu kalt für Lebensformen, die wir kennen.

Zeichnung einer Landung auf Titan

Zwergmond

Abgesehen von Titan sind die Saturnmonde sehr klein. Enceladus ist nur 500 km groß – er würde problemlos in Frankreich passen. Seine Oberfläche ist eisbedeckt; sein Inneres aber ist warm und birgt möglicherweise Wasser. Die Furchen entstanden durch Wasser, das an die Oberfläche gelangte und dort gefror. Enceladus besitzt eventuell Schnee spuckende »Eisvulkane«.

Die Saturnringe sind über 100.000 km breit, aber weniger als einen km dick. Würde man 1 Pfannkuchen in diesem Verhältnis backen, hätte er einen Durchmesser von 500 m.

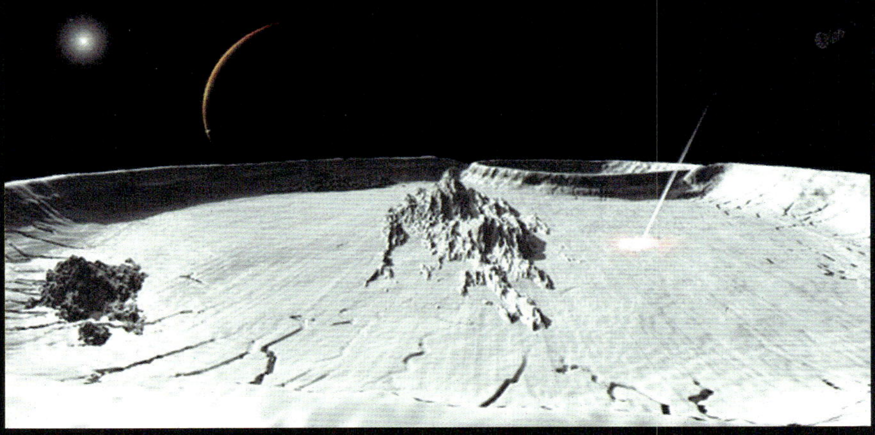

Blick über Rhea

Saturns zweitgrößter Mond, Rhea, weist Spuren zahlreicher Kollisionen mit Meteoriten und Kometen auf. Die künstlerische Darstellung zeigt zwei der größten Krater auf der eisigen Oberfläche. Izanagi, der mächtigere, ist 230 km groß. Der Horizont wird von Saturn beherrscht; die ferne Sonne ist klein und blass. Die Saturnringe wirken hier, von der Seite aus gesehen, dünn wie Papier.

URANUS

ÖDE UND OHNE BESONDERE MERKMALE, so beschreiben viele Astronomen diesen Planeten. Selbst *Voyager 2* konnte 1986 auf der Oberfläche nur ein paar winzige Wolken ausmachen. Uranus wird zu den Gasriesen gezählt, setzt sich aber hauptsächlich aus einer Suppe aus heißem Wasser und anderen Bestandteilen zusammen. Eine dicke Gasschicht bedeckt sein flüssiges Inneres. Er wurde 1781 von William Herschel entdeckt, einem deutschen Musiklehrer und Amateurastronom, der sich in England niedergelassen hatte. Zu Ehren König Georges II. nannte er ihn »Georges Stern« – später wurde der Name geändert in Uranus, der griechische Gott des Himmels.

GRÖSSE IM VERGLEICH ZUR ERDE

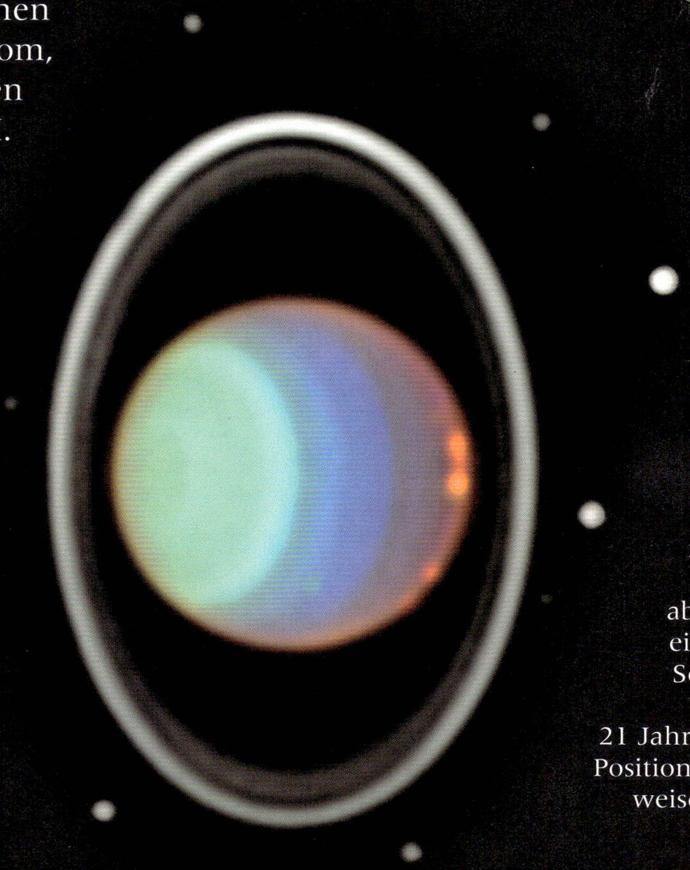

SCHRÄGLAGE

Uranus ist so stark zur Seite geneigt, dass er seine Umlaufbahn um die Sonne eher entlangrollt als aufrecht kreist. Seine Monde und Ringe lassen ihn wie ein monumentales Riesenrad wirken. Die Uranuspole weisen abwechselnd zur Sonne – mit eigenartigen Jahreszeiten: Im Sommer scheint 21 Jahre die Sonne, im Winter herrscht 21 Jahre Finsternis. In die geneigte Position brachte Uranus möglicherweise eine enorme Kollision vor Milliarden von Jahren.

VERRÜCKTER MOND MIRANDA

Der eigenartigste der 17 Uranusmonde ist Miranda. Er hat eine derart chaotische Oberfläche, dass Wissenschaftler vermuten, er sei bei einem Zusammenstoß auseinander gebrochen und hätte sich durch seine Schwerkraft wieder zusammengezogen. Teile des Kerns sind nun außen, frühere Bestandteile der Oberfläche dagegen scheinen zu fehlen. Der Name Miranda stammt aus dem Shakespeare-Stück »Der Sturm«.

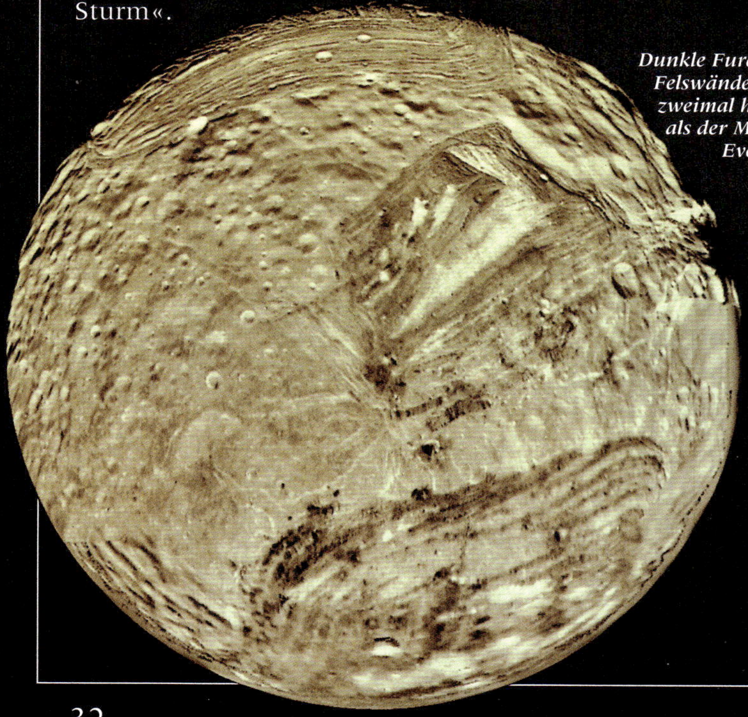

Dunkle Furchen: Felswände, z.T. zweimal höher als der Mount Everest.

URANUSRINGE

Bis 1977 war von den Uranusringen nichts bekannt – dann aber zog ein Stern an Uranus vorbei und funkelte eigenartig: Die Ringe hatten das Sternenlicht verdeckt. Neun Jahre später betrachtete *Voyager* die Ringe genauer und machte diese Falschfarben-Aufnahme eines Querschnitts des Ringsystems. Der Ring wirkt hier blässlich-weiß, tatsächlich aber ist er schwarz wie Kohle.

Voyager war achteinhalb Jahre unterwegs, bis sie Uranus erreichte. Mit Hilfe seiner Schwerkraft bewältigte sie die letzte Etappe bis zum Neptun.

RÜCKBLICK

Voyager 2 machte vor dem Weiterflug aus einer Entfernung von einer Million km dieses Foto der Uranussichel. Methangas in der Atmosphäre ist für das charakteristische Blau des Planeten verantwortlich. Uranus ist 19-mal weiter von der Sonne entfernt als die Erde, daher seine extreme Kälte von bis zu –210 °C.

NEPTUN

WEIT DRAUSSEN IM SONNENSYSTEM finden wir Neptun, eine bitterkalte und dunkle Welt. Er ist so weit von der Erde entfernt, dass man mit Concorde-Geschwindigkeit 200 Jahre zu ihm bräuchte. Astronomen wussten kaum etwas über ihn, bis ihm *Voyager* 1989 einen Besuch abstattete. Die gesendeten Bilder versetzten die Fachwelt in Erstaunen: Auf dem vermeintlich ruhigen Neptun herrscht das stürmischste Wetter des Sonnensystems: Es wüten eisige Orkane, zehnmal schneller als ein Hurrikan, mit Ausdehnungen so groß wie die Erde.

Voyager 2 *hat jetzt Neptun passiert und verlässt das Sonnensystem.*

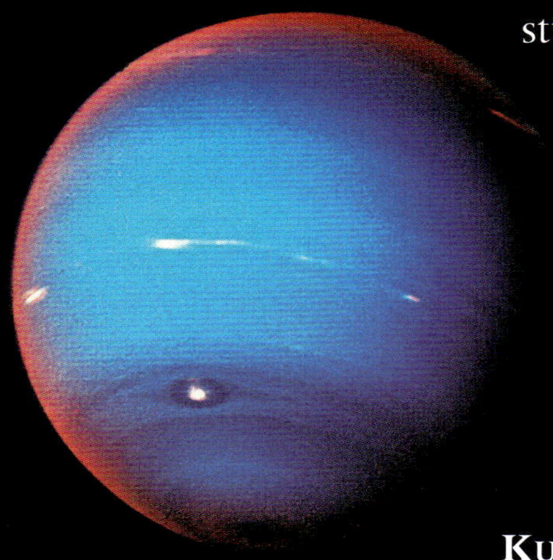

GRÖSSE IM VERGLEICH ZUR ERDE

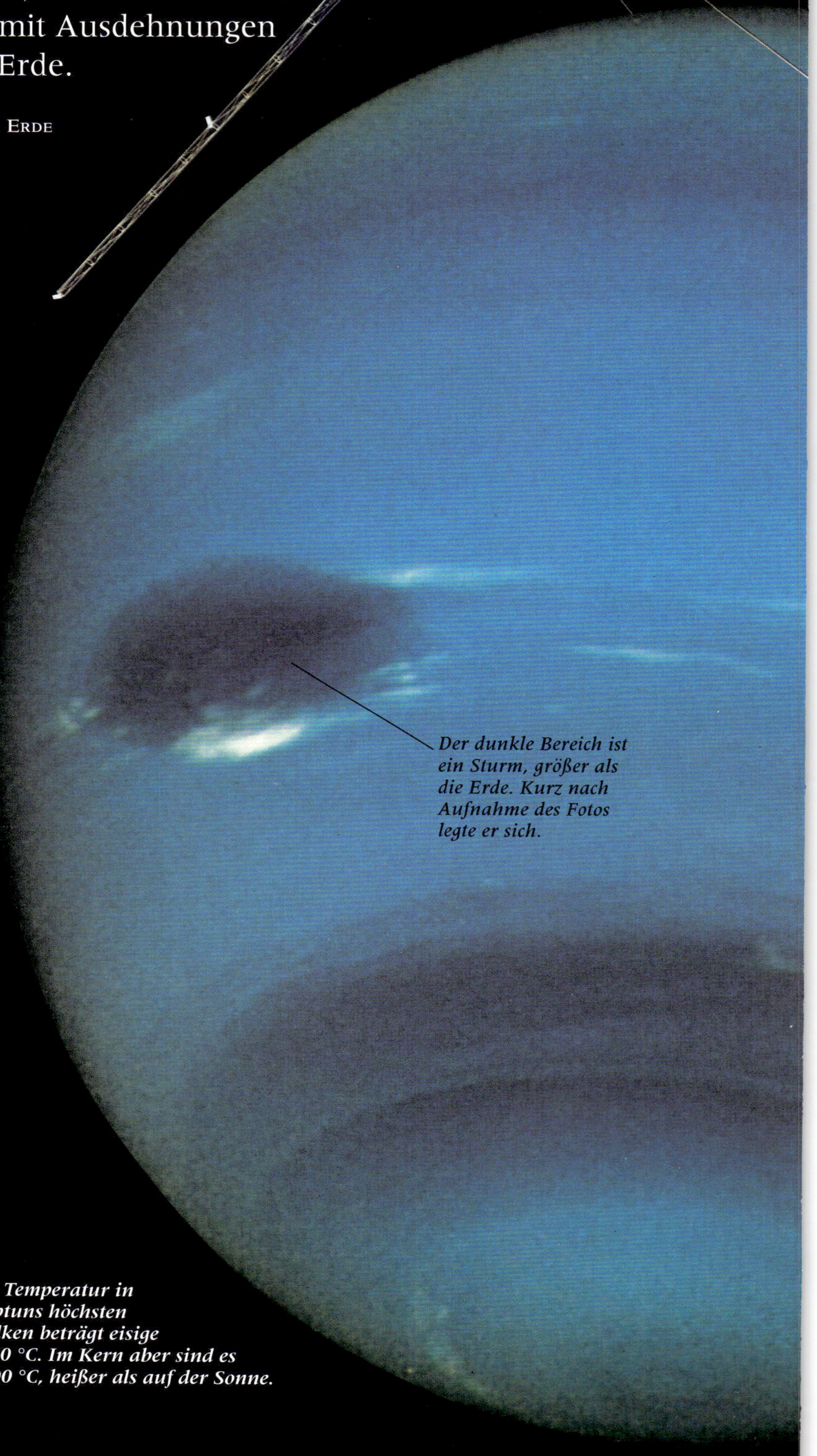

Der dunkle Bereich ist ein Sturm, größer als die Erde. Kurz nach Aufnahme des Fotos legte er sich.

Die Temperatur in Neptuns höchsten Wolken beträgt eisige –220 °C. Im Kern aber sind es 7000 °C, heißer als auf der Sonne.

KUGEL AUS GAS

Neptun ist eine riesige Kugel aus Gas und Flüssigkeit mit einem extrem heißen Gesteinskern, umschlossen von einem mächtigen Ozean aus Wasser und anderen Bestandteilen, der den Planeten fast ganz überzieht. An seiner Oberfläche geht das Meer allmählich in neptunische »Luft« über, ein Gemisch aus Wasserstoff und Helium; Methangas sorgt für die blaue Färbung. In der höheren Atmosphäre gibt es auch komplexere organische Strukturen (im Bild oben rot).

WINDE DER VERÄNDERUNG

Neptuns Gesicht verändert sich ständig. Gewaltige Stürme kommen und gehen, ihre Geschwindigkeit kann bis zu 2.000 km/h betragen – sie sind die schnellsten des ganzen Sonnensystems. Sie formen Wolken aus gefrorenem Methan zu langen, weißen Streifen; im Bild oben werfen die Wolken einen Schatten auf die Hauptschicht der blauen Wolken 50 km tiefer.

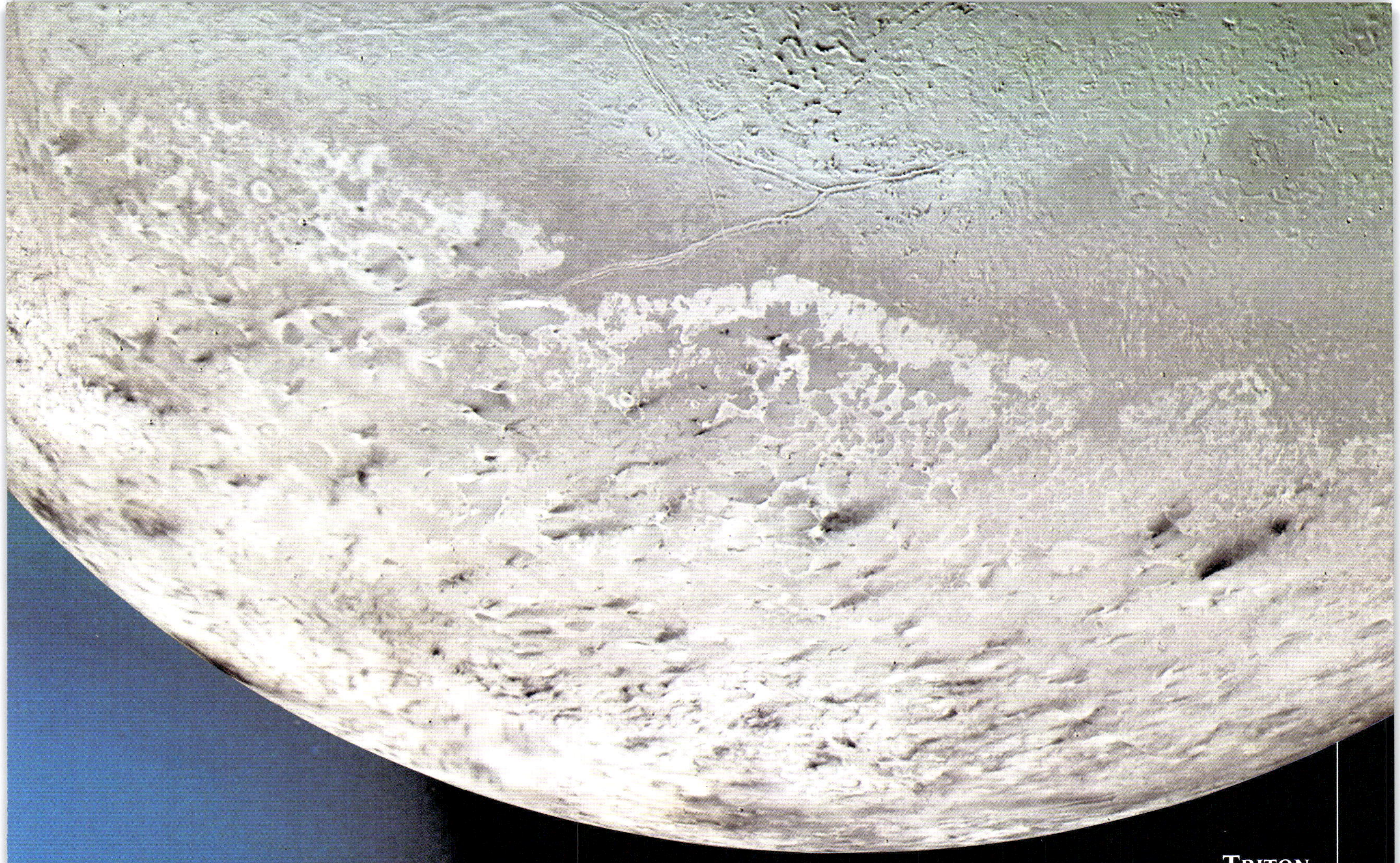

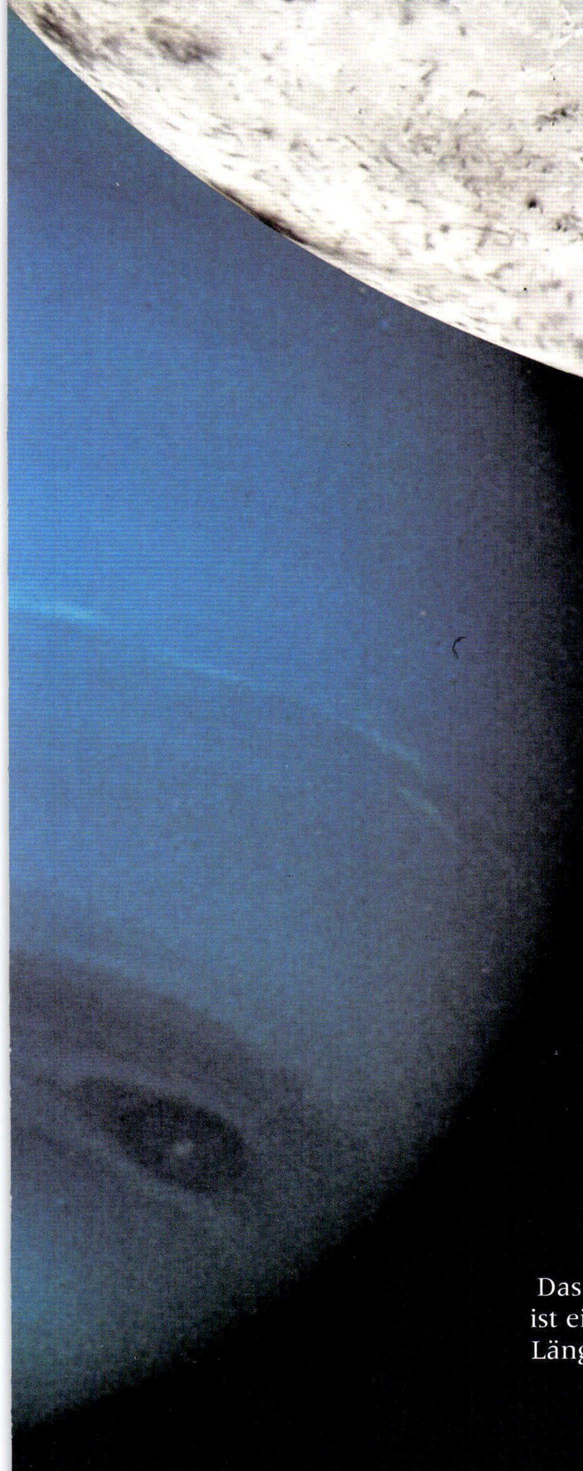

Die schwarzen Flecken an Tritons Südpol (oben) sind durch Winde verursacht, die Auswürfe aktiver Geysire mit sich führen.

Triton

Der kälteste Ort im Sonnensystem ist Triton, größter der acht Neptunmonde. Auf ihm herrschen –235 °C, gerade 38 °C über dem absoluten Nullpunkt, der niedrigsten Temperatur überhaupt. Es ist so kalt, dass die dünne Atmosphäre an den Polen gefriert. Trotz der extremen Kälte gibt es mächtige, aktive Geysire, die Stickstoff und Staub bis zu 8 km hoch schleudern. Winde blasen den Staub dann in schwarzen Streifen auf die Oberfläche. Tritons Umfang beträgt zwei Drittel unseres Mondes.

Neptun geht diagonal und nicht senkrecht über dem Tritonhorizont unter.

Blick auf Triton

Anhand der Daten der *Voyager*-Sonde haben Wissenschaftler dieses 3-D-Bild der Tritonoberfläche erzeugt. Das flache Gebiet in der Mitte ist ein See aus Eis von 200 km Länge. Er entstand, als Wasser aus einem »Eisvulkan« austrat und dann gefror – das Wasser auf Triton ist wie die Lava der Erde.

PLUTO UND CHARON

GRÖSSE IM VERGLEICH ZUR ERDE

DER GEHEIMNISVOLLE PLUTO ist der kleinste und fernste der Planeten: Er ist kleiner als unser Mond und 12.000-mal weiter entfernt – und deshalb fast unmöglich zu sehen. Ihn von der Erde aus zu erkennen, hieße das Gedruckte auf einer Briefmarke aus 65 km Entfernung zu lesen. Trotzdem wissen Astronomen Erstaunliches über ihn und seinen Mond Charon: Die beiden bilden ein »Zwei-Planeten-System« – Charon umkreist nicht Pluto, sondern sie umkreisen einander. Pluto hat von allen Planeten das längste Jahr: Für eine Sonnenumkreisung braucht er 248 Erdenjahre. Seit seiner Entdeckung 1930 hat er nicht einmal die Hälfte davon geschafft.

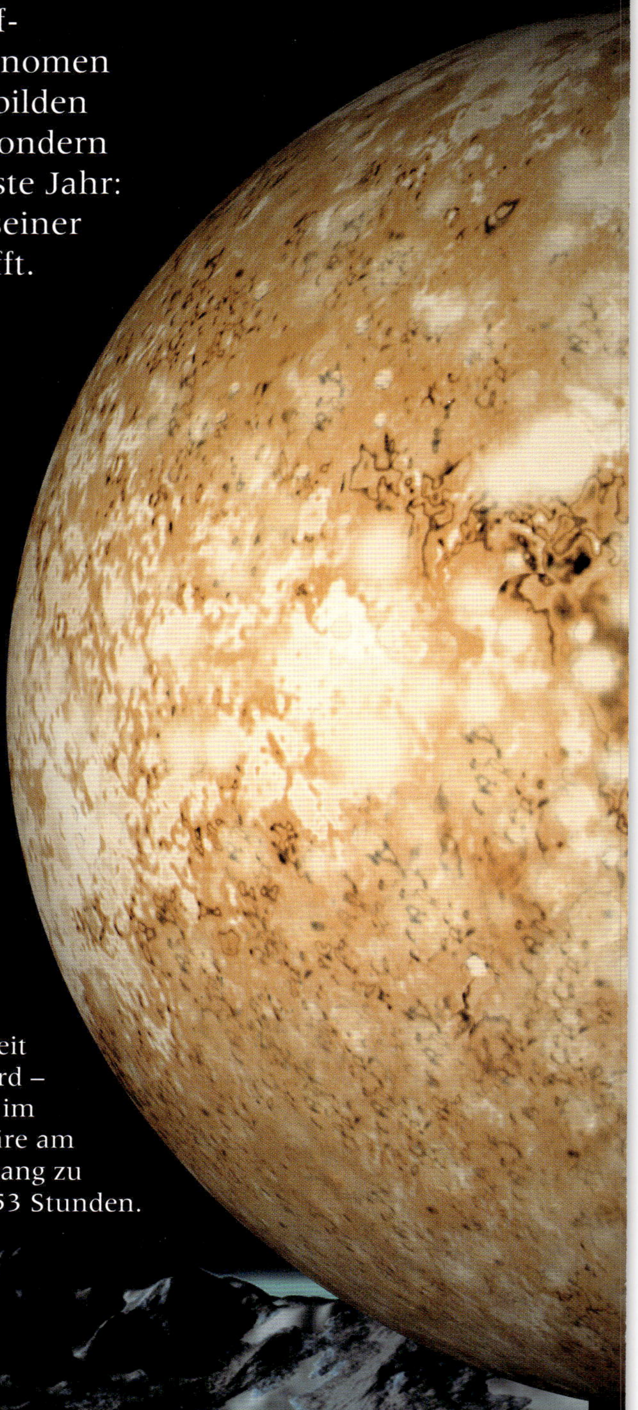

GRAUE SCHATTEN

Pluto ist der einzige Planet, den noch keine Sonde aufgesucht hat – deshalb existieren keine deutlichen Bilder seiner Oberfläche. Die besten Aufnahmen sind diese grauen Bilder vom Hubble-Weltraumteleskop. Sie lassen geheimnisvolle helle und dunkle Zonen auf Pluto und Charon erkennen; die helleren an den Polen könnten Eisdecken sein.

Die seltsamen Muster auf Pluto und Charon könnten durch Frost verursacht oder aber Krater sein.

WELT IM ZWIELICHT

Astronauten bräuchten auf Pluto immer eine Taschenlampe, weil es nie hell ist, selbst mittags nicht. Die Sonne ist so weit entfernt, dass Pluto kaum erwärmt wird – die Oberfläche ist eisige –230 °C kalt; im Winter gefriert die dünne Atmosphäre am Boden. Ein Tag – von Sonnenaufgang zu Sonnenaufgang – dauert hier 153 Stunden.

Pluto

Die meisten äußeren Planeten unseres Sonnensystems bestehen aus Gas und Flüssigkeit – Pluto nicht. Er ist eine feste Kugel aus Gestein und Eis mit sehr dünner Atmosphäre und einer ungewöhnlichen, ovalen Umlaufbahn um die Sonne. Während seines 200-jährigen Winters ist er ihr am fernsten – im kurzen Sommer aber steht er ihr näher als Neptun.

Charon ist halb so groß wie Pluto – im Verhältnis der größte Mond des Sonnensystems.

Künstlerische Darstellung von Pluto und Charon.

Plutos Schwerkraft ist so gering, dass ein Astronaut mit 83 kg auf der Erde hier nur drei kg wiegen würde.

Charon

Anders als Pluto ist Charon leicht blau getönt; vielleicht ist seine Oberfläche mit gefrorenem Wasser überzogen. Das lässt vermuten, dass die beiden Welten an verschiedenen Orten entstanden und erst später zusammenkamen. Sie halten ihr Gesicht einander immer zugewandt: Ein Pluto-Besucher sähe Charon also immer an derselben Stelle. Und Charon würde sehr mächtig wirken – von Pluto aus wirkt er sechsmal größer als unser Mond von der Erde aus.

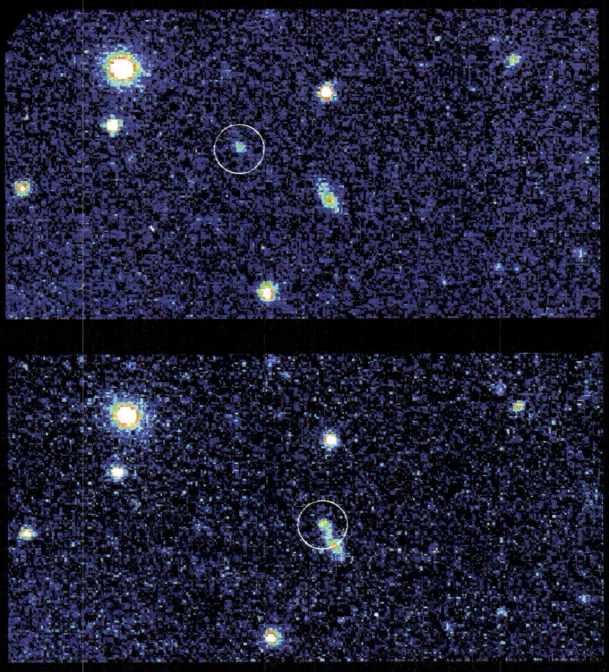

Hinter Pluto

Pluto ist der fernste Planet – hinter ihm ist das Sonnensystem aber beileibe nicht leer: Vor kurzem entdeckten Astronomen an der äußersten Grenze eigenartige, eisige Objekte. Die Bilder links zeigen eines davon, wie es sich an weit entfernten Sternen vorbeibewegt. Diese so genannten Kuiper-Objekte sind nur einige hundert Kilometer groß. Vermutlich werden sie zu Kometen, wenn sie der Sonne zu nahe kommen. Vielleicht sind auch Pluto und Charon Kuiper-Objekte – die größten von Millionen im äußeren Sonnensystem.

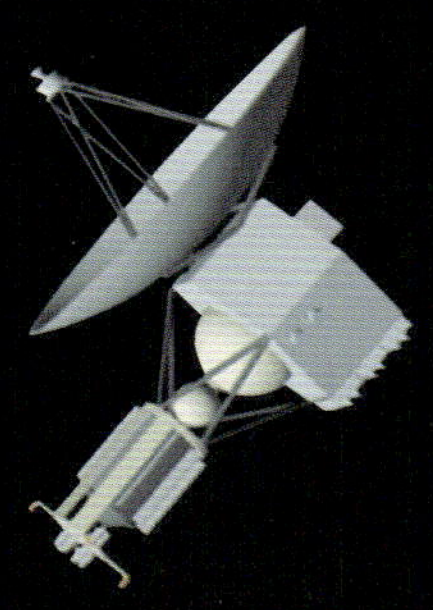

Die NASA will ein kleines Raumfahrzeug, den ***Pluto-Kuiper-Express****, zu Pluto schicken. Er soll zwischen 2010 und 2015 ankommen und wird neun Jahre unterwegs sein. Vielleicht wird er eine kleine Sonde dabeihaben, die eine harte Landung versucht.*

Kometen und Asteroiden

Aufmerksame Beobachter des Nachthimmels wissen, dass von Zeit zu Zeit neue Objekte vor dem vertrauten Sternenhintergrund auftauchen. Diese Neulinge sind Trümmer aus dem All, mal nur staubkorngroß, mal Hunderte von Kilometern große Felsbrocken. Die spektakulärsten davon sind die Kometen – Eistrümmer mit schimmernden Schweifen, Millionen von Kilometern lang. Die größten werden Asteroiden genannt, und die meisten von ihnen befinden sich in dem Gebiet zwischen den Umlaufbahnen von Jupiter und Mars, dem Asteroidengürtel. Manchmal aber brechen Asteroiden und Kometen aus und geraten auf Planeten-Kollisionskurs – mit katastrophalen Folgen.

Kometen haben zwei Schweife: einen gelbweißen aus Staub und einen blauen aus Gas.

Kometen
Kometen haben ovale Umlaufbahnen, die sie mal dicht an die Sonne, dann wieder weit weg von ihr führen. Ist ein Komet nahe der Sonne, verdampft seine Oberfläche; Gas und Staub werden frei und durch die Strahlung der Sonne zu zwei enormen Schweifen geblasen. Sie weisen immer fort von der Sonne, wohin der Komet auch fliegt. Große Kometen sind ein spektakulärer Anblick, wenn sie die Erde passieren. 1997 sahen Millionen von Menschen den hell leuchtenden Hale-Bopp – er kommt im 44. Jahrhundert wieder.

Halleyscher Komet
Der berühmteste Komet, der Halleysche Komet, passiert die Erde alle 76 Jahre. Sein Auftauchen 1066 wurde im französischen Wandteppich von Bayeux dargestellt. 1986 flog eine kleine Sonde namens *Giotto* zu ihm und nahm dieses Bild von seinem Kern auf – ein Eisblock von etwa 16 km Länge. Gas und Staub sprühen aus ihm heraus und formen eine riesige weiße Wolke namens Koma um ihn.

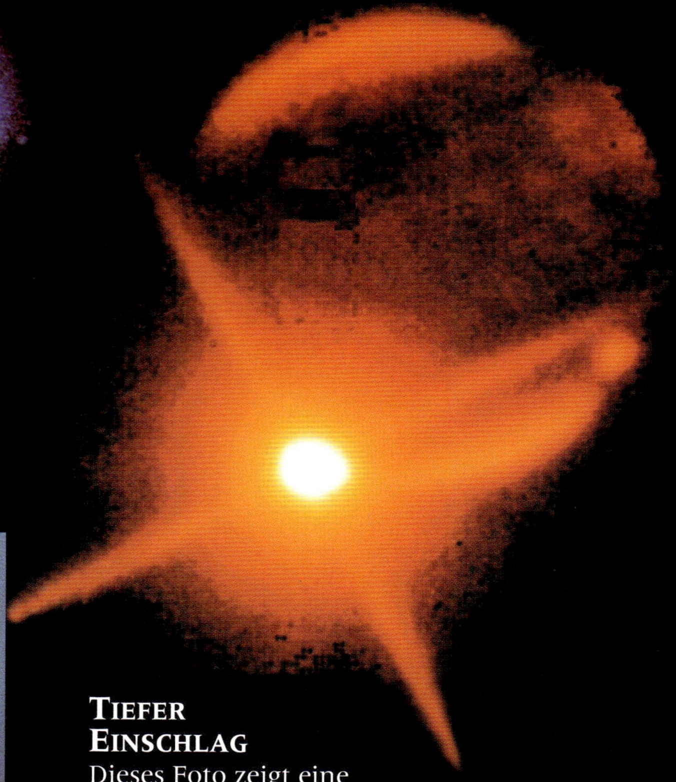

Tiefer Einschlag
Dieses Foto zeigt eine Explosion auf Jupiter mit einem Feuerball, größer als die Erde. Dazu kam es 1992, als der Komet Shoemaker-Levy 9 mit einer Geschwindigkeit von mehr als 200.000 km/h auf Jupiter prallte. Der Komet war von Jupiters enormer Anziehungskraft in mehr als 20 Teile zerrissen worden, und jedes Fragment verursachte bei seinem Aufprall einen neuen Feuerball.

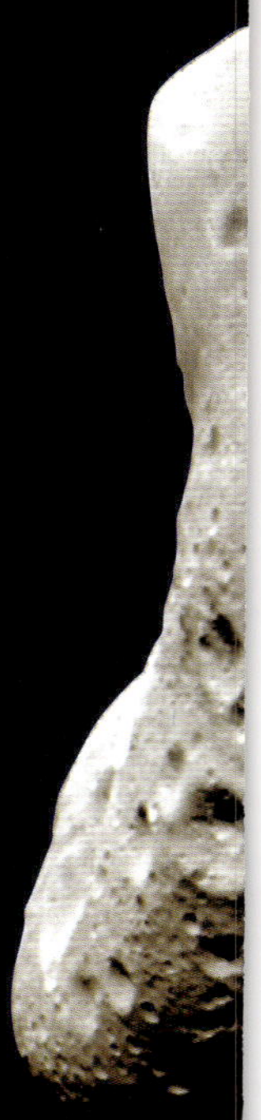

Sternschnuppen

Jeden Tag nimmt die Erde durch Staub aus dem All 550 Tonnen zu. Die Staubpartikel treten mit ungeheurer Geschwindigkeit in die Erdatmosphäre ein. Beim Eintritt verglühen sie, was oft zu einem leuchtenden Streifen am Himmel führt – einer Sternschnuppe oder einem Meteor. Sie sind in jeder klaren Nacht zu sehen, am besten aber zu den Zeiten der Meteorschauer (s. auch S. 62).

Meteoriten

Trümmer aus dem All, die im Boden einschlagen, werden Meteoriten genannt. Bisher wurde noch niemand von ihnen getroffen, nur 1911 ein Hund in Ägypten. Der Barringer-Krater in Arizona entstand vor 50.000 Jahren, als ein Eisenklumpen von 10.000 Tonnen einschlug. Nur sehr selten gehen größere Objekte auf die Erde nieder. Viele Wissenschaftler glauben, dass die Dinosaurier ausstarben, weil ein Komet von 10 km Durchmesser in Mittelamerika einschlug.

Der Barringer-Krater in Arizona ist 1,2 km groß.

Idas Oberfläche ist von Kratern überzogen.

Asteroiden

Asteroiden sind gigantische Felsbrocken. Dieser hier, Ida, ist über 52 km lang. Träfe er auf die Erde, würde er alles Leben mit Ausnahme der Bakterien auslöschen. Feuerwellen würden über das Land fegen und Städte und Wälder zerstören. Es käme zu Flutwellen, Erdbeben und Vulkanausbrüchen. Der hoch aufgewirbelte Staub würde die Sonne über Jahrzehnte verdunkeln. Zum Glück aber bewegt sich Ida nicht in unsere Richtung, sondern ist fester Bestandteil des Asteroidengürtels, 290 Millionen km von uns entfernt.

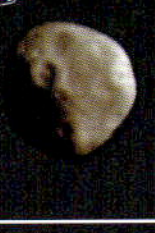

Ida (oben) hat sogar einen eigenen winzigen »Mond«: Dactylus (rechts).

STERNENGEBURT

EIN STERN IST EINE RIESIGE GLÜHENDE KUGEL aus Wasserstoffgas, die von Kernreaktionen im Inneren erhellt wird. Sterne entstehen und vergehen fortwährend im Universum. Geboren werden sie in riesigen Gaswolken, genannt Sternennebel. Ihr Gas ist 25.000 Billionen Mal dünner als die Erdluft. Trotzdem gibt es genügend Schwerkraft, dass sich Teile des Nebels zu Klumpen zusammenziehen. Weiteres Verdichten bewirkt Aufheizung; schließlich werden sie so heiß und dicht, dass im Inneren Kernreaktionen einsetzen: Ein Stern ist geboren, durch dessen Hitze und Licht der Nebel farbig leuchten kann.

STERNGEBÄRENDE NEBEL

Der untere Teil des Trifid-Nebels ist rot: Neue Sterne heizen sein Gas auf, bis es glüht. Der blaue Bereich ist eine gigantische interstellare Staubwolke, erhellt von den nahen Sternen.

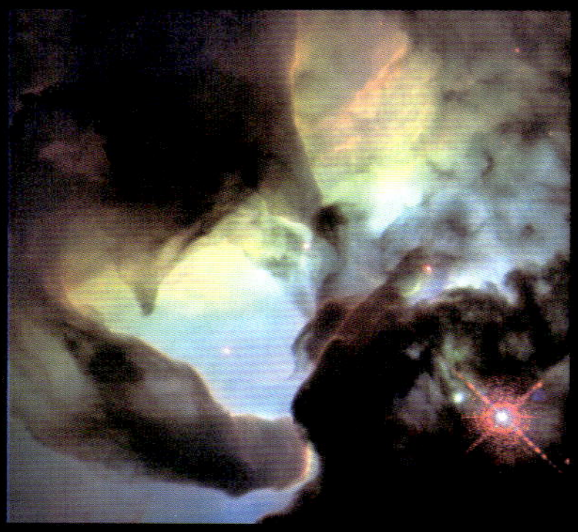

Der Lagunen-Nebel ist 5.000 Lichtjahre entfernt – wir sehen ihn so, wie er vor dem Pyramidenbau war. Die Vergrößerung zeigt einen neuen Stern (rot), dessen Strahlung die Wolken in eigenartige Schatten taucht.

Nicht jeder Nebel ist bunt. Der Pferdekopf-Nebel (rechts der Mitte), eine dichte Gaswolke, hebt sich von dem roten Nebel im Hintergrund ab. Vielleicht ist er kurz davor, neue Sterne hervorzubringen. Der »Kopf« ist nur der obere Teil der riesigen dunklen Wolke, die die untere rechte Hälfte des Bildes füllt.

Sieben Schwestern

Die meisten Sterne entstehen in Haufen. Über Jahrmilliarden treiben sie dann auseinander und werden zu Einzelgängern, so wie unsere Sonne. Die Plejaden bestehen aus massiven, weiß glühenden Sternen, die erst vor 50 Millionen Jahren entstanden – sie existierten also noch nicht, als es Dinosaurier auf der Erde gab. Man nennt sie auch die Sieben Schwestern, weil sieben davon mit bloßem Auge sichtbar sind – es gibt aber mehr als 500 Sterne in diesem Haufen. Der blaue Dunst um sie ist eine Staubwolke.

Sternen-Brutstätte

Diese drei mächtigen Wasserstoffgas-Säulen sind eine Art »Sternen-Brutstätte«. In den kleinen Fingern der größten Säule (unser Sonnensystem passt in einen dieser Finger) verdichtet sich Wasserstoff und wandelt sich zu Sternen. Die Gassäulen liegen 7.000 Lichtjahre von uns entfernt im Herzen des Adler-Nebels. Die Hitze naher Sterne löst die Oberfläche der Säulen langsam in gespenstische weiße Streifen auf, später treten die neuen Sterne aus ihrem Gas-Kokon hervor und beginnen zu scheinen.

Die größte der Gassäulen ist ca. 10 Billionen km hoch. Im Inneren bilden sich neue Sterne, noch versteckt vom dichten Gas.

DER UNTERGANG EINES STERNS

Der Stundenglas-Nebel ist die riesige Wolke eines sterbenden Sterns; der weiße Fleck im »Auge« ist der frühere Kern.

NACH JAHRMILLIARDEN DES SCHEINENS geht dem Stern die Energie aus, und er stirbt. Die größten Sterne leben kurz und sterben heftig; im Alter färben sie sich rot und vergrößern sich gigantisch zu Roten Superriesen. Schließlich zerstören sie sich selbst in einer Explosion, heller als eine Million Sonnen. Kleinere Sterne werden im Alter zu Roten Riesen, leben länger und sterben weniger spektakulär. Sternüberreste gehören zu den schönsten Objekten des Universums; manchmal sind sie an der Geburt neuer Sterne beteiligt.

Der Rote Superriese Antares ist einer der hellsten Sterne am Nachthimmel.

ALTER SUPERSTERN

Antares ist ein Roter Superriese am Ende seines Daseins. Er ist auf eine Milliarde km angewachsen, 700-mal größer als unsere Sonne. Hätte sie diese Ausdehnung, würde sie alle Planeten mitsamt der Erde bis zum Mars verschlucken. Wenn Antares seine Energie aufgebraucht hat, wird er sich in einer Supernova auslöschen.

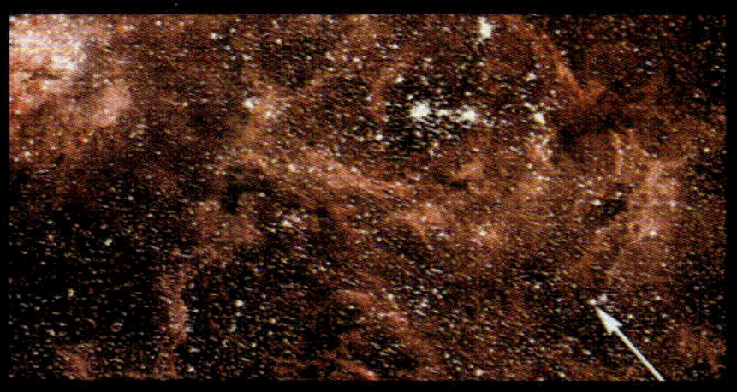

EIN STERN STIRBT IN EINER FERNEN GALAXIE.

ER EXPLODIERT ZU EINER HELLEN SUPERNOVA.

Der sterbende Stern Eta Carinae spuckt Gas und Staub mit über zwei Millionen km/h aus.

Der sterbende Stern Eta Carinae mit Gas und Staubauswürfen.

DIE SUPERNOVA

Hat ein Roter Superriese keine Energie mehr, wird sein Kern zu Eisen und kollabiert unter dem Einfluss der eigenen Schwerkraft in Sekunden. Das setzt eine Druckwelle frei, die die äußeren Sternschichten explodieren lässt – in einer Supernova. Supernovä können heller sein als eine ganze Galaxie. Sie sind sehr selten und dauern nur ein paar Monate. Bei den größten zermalmt sich der Kern selbst – ein so genanntes Schwarzes Loch entsteht.

TODESKAMPF

Eta Carinae ist einer der seltsamsten bekannten Sterne. Er wird von Explosionen zerrissen und wirft Gas und Staub in einer Wolke aus, größer als das Sonnensystem. Vor 150 Jahren machte ihn ein besonders heftiger Ausbruch zum zweithellsten Stern am Himmel, heute ist er mit bloßem Auge nicht zu sehen. Eta Carinae wird sich vermutlich in einer Supernova-Explosion selbst zerstören, aber niemand weiß wann: ob schon morgen oder erst in einer Million Jahre.

Sternengeister

Diese geisterhaften Formen sind glühende Wolken aus Trümmern toter Sterne – planetarische Nebel. In ihrem Zentrum befindet sich der Rest des kollabierten Kerns: ein winziger Stern, genannt Weißer Zwerg, der allmählich abkühlt und verblasst. Weiße Zwerge haben eine sehr hohe Dichte: Ein Teelöffel ihrer Masse wiegt eine halbe Tonne. Auch unsere Sonne wird in etwa fünf Milliarden Jahren einen planetarischen Nebel bilden. Erst aber wird sie ein Roter Riese werden und die Erde verschlucken.

Nebel aus der Außenschicht eines sterbenden Roten Superriesen, abgestoßen in zwei mächtigen Flügeln.

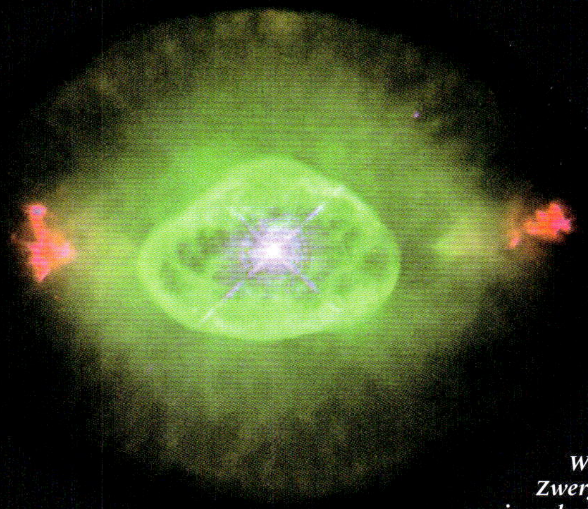

Ein Weißer Zwerg mit zwei wachsenden Gasblasen.

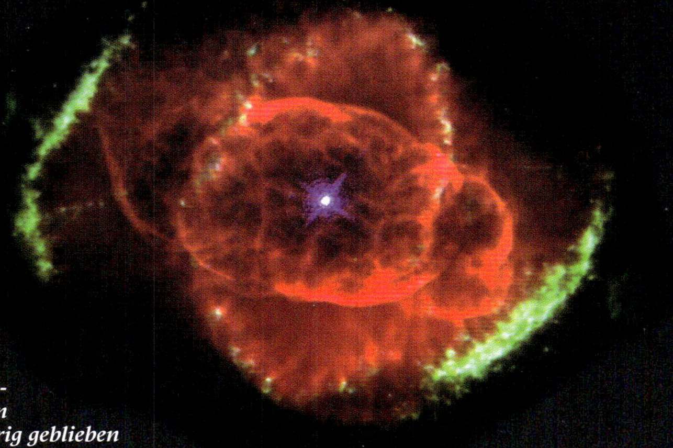

Vor 1.000 Jahren war der Katzenaugen-Nebel ein Roter Riese; übrig geblieben sind Schichten aus Gas, erhellt von einem Weißen Zwerg.

DIE MILCHSTRASSE

UNSERE SONNE GEHÖRT ZU EINER GIGANTISCHEN SPIRALE von Sternen: die Milchstraße. Solche Sterngruppen nennt man Galaxien, und wie alle Galaxien ist die Milchstraße unvorstellbar groß. Sie beherbergt 200 Milliarden Sterne – bei einer Sekunde für jeden Stern dauerte das Zählen länger als 6.000 Jahre. Trotzdem ist die Milchstraße vorwiegend leerer Raum. In einem Modell mit einem Sandkorn pro Stern wäre der nächste 6 km von der Sonne entfernt, das Modell wäre so groß wie ein Drittel der Mondentfernung. Ein Raumschiff bräuchte Jahrmillionen für eine Reise durch die Milchstraße.

DAS HERZ DER GALAXIE
Diese Hubble-Aufnahme zeigt einen Sternenhaufen im Zentrum der Milchstraße. Die Farbe der Sterne hängt von ihrer Größe und ihrem Alter ab: Heiße junge Sterne sind meist blau, große alte Sterne rot. Man vermutet, dass sich genau im Zentrum der Galaxie ein riesiges Schwarzes Loch befindet.

KOSMISCHER WIRBEL
Unzählige Sterne umkreisen das Zentrum der Milchstraße und ordnen sich zu einer Spirale. Von außen sähe die Milchstraße aus wie die Galaxie auf dem Foto. Die Sonne liegt auf halber Strecke in einem der Spiralarme und umrundet das Galaktische Zentrum einmal in 220 Millionen Jahren. Von der Erde aus wirkt die Milchstraße wie ein Sternenband quer über dem Himmel.

Von der Seite gesehen ist die Milchstraße flach mit einer zentralen Verdickung.

STERNENHAUFEN
Die ältesten Sterne der Milchstraße stehen in riesigen Ballungen zusammen, die man Kugelsternhaufen nennt. Omega Centauri (oben) ist ein Haufen aus einigen Millionen Sternen, von denen manche so alt sind wie die Milchstraße selbst. Kugelsternhaufen umkreisen das Zentrum der Milchstraße wie Satelliten die Erde.

In dunklen Nächten ist die Milchstraßenscheibe als leuchtendes Band zu sehen. Alle erkennbaren Sterne gehören zu unserer Galaxie.

STERNENSTAUB

Wolken aus Staub und Gas, tausendmal größer als unser Sonnensystem, sind mit den Sternen der Milchstraße verwoben. Die funkelnden Sterne lassen die Gas- und Staubpartikel aufglühen – einer der farbenprächtigsten Anblicke unserer Galaxie. Links sieht man die mehrfarbigen Wolken um Antares (gelb, unten links), ein Nachbarstern unserer Sonne.

GALAKTISCHE NACHBARN

Das Entfernteste, das mit bloßem Auge zu sehen ist, ist kein Stern, sondern eine benachbarte Galaxie: Andromeda. Ihr Licht braucht zwei Millionen Jahre zu uns; wir sehen sie also, wie sie war, bevor Menschen die Erde bevölkerten. Auch Andromeda ist spiralförmig, wirkt aber flach, weil wir sie von der Seite sehen. Die beiden hellen Objekte auf dem Bild sind kleine »Zwerg-Galaxien«.

GALAXIEN

FAST DIE GESAMTE MATERIE DES UNIVERSUMS ist in Galaxien konzentriert, gigantischen Sternenhaufen, die die Schwerkraft zusammenhält. Die größten enthalten Milliarden Sterne, die kleinsten nur einige Millionen; aber auch sie sind so groß, dass das Licht Jahrtausende braucht, sie zu durchqueren. Trotz ihrer ungeheuren Masse bestehen Galaxien hauptsächlich aus leerem Raum, die Abstände zwischen den Sternen sind riesig. Unsere Sonne und alle mit bloßem Auge erkennbaren Sterne gehören zur Milchstraße. Jenseits von ihr gibt es noch Milliarden anderer Galaxien, so weit die Astronomen sehen können.

ELLIPTISCHE GALAXIEN
Viele Galaxien sind eiförmig – elliptisch – und bestehen aus vielen alten Sternen, die etwa zur gleichen Zeit entstanden sind. Elliptische Galaxien haben kein Gas, um neue Sterne zu bilden. Die Galaxie M 87 (links) ist die größte bekannte: Sie enthält drei Billionen Sterne, 15-mal mehr als unsere Milchstraße, und verbirgt in ihrer Mitte ein großes Schwarzes Loch.

IRREGULÄRE GALAXIEN
Galaxien ohne eindeutige Form nennt man irregulär. Sie sind meist klein mit vielen jungen Sternen und leuchtenden Gaswolken, in denen neue Sterne entstehen. Typisches Beispiel ist die große Magellansche Wolke (rechts), nur 160.000 km von uns entfernt und auch ohne Teleskop als blasser Fleck zu sehen. Sie enthält nur zehn Milliarden Sterne – die Milchstraße hat 20-mal mehr – und ist von der Schwerkraft der Milchstraße gefangen. Irgendwann wird diese Schwerkraft sie zerreißen, und beide Galaxien werden miteinander verschmelzen.

Galaxien enthalten oft farbige Gaswolken; links unten der rosafarbene Tarantula-Nebel.

Die Sombrero-Galaxie ist 100.000 Lichtjahre groß und enthält 1.300 Milliarden Sterne.

Sombrero-Galaxie

Eigentlich spiralförmig, wirkt diese Galaxie wie ein Sombrero, weil wir sie von der Seite sehen. Der dunkle Ring ist ein Band aus Staub, das das Licht dahinter verdeckt. Es ist eine ungewöhnliche Galaxie: Ihre Spiralarme sind kaum auszumachen, weil die zentrale Ausbuchtung so groß und hell ist.

Spiral-Galaxien

Den spektakulärsten Anblick bieten spiralförmige Galaxien. Sie drehen sich wie gigantische Riesenräder mit elegant kreisenden Sternenarmen. Die ältesten Sterne befinden sich im dichten Zentrum; in den Spiralarmen sind junge Sterne, rosafarbene Nebel und dunkle Bänder aus Staub und Gas. Spiral-Galaxien sind – wie die Milchstraße – scheibenförmig und wirken von der Seite gesehen flach.

Kosmische Kollision

Nur wenige Galaxien sind sich nah genug, um zu kollidieren. Das Bild zeigt zwei aufeinander prallende Spiral-Galaxien (Kerne orange): Die Staubwolken, nicht die einzelnen Sterne, stoßen zusammen und entfachen so einen Feuersturm von Sterngeburten. Die Haufen neuer Sterne sind blau, Staubwolken sind dunkel.

DAS UNIVERSUM

DAS UNIVERSUM IST ALLES: Planeten, Sterne, Galaxien, Raum und selbst Zeit. Niemand weiß, wie groß es ist – vielleicht ist es sogar unendlich. Astronomen haben entdeckt, dass sich alle Galaxien voneinander fortbewegen, also wird das Universum größer. Es expandiert aber nicht »irgendwohin«, denn außerhalb des Alls gibt es keinen Raum, und das All hat keine äußere Begrenzung. Die Form des Universums ist ein Rätsel. Vielleicht ist es gekrümmt, sodass man zum Ausgangspunkt zurückkehrt, wenn man sich lange genug auf einer geraden Linie fortbewegt. In mancher Hinsicht ist das Universum zu eigenartig, um verstanden zu werden.

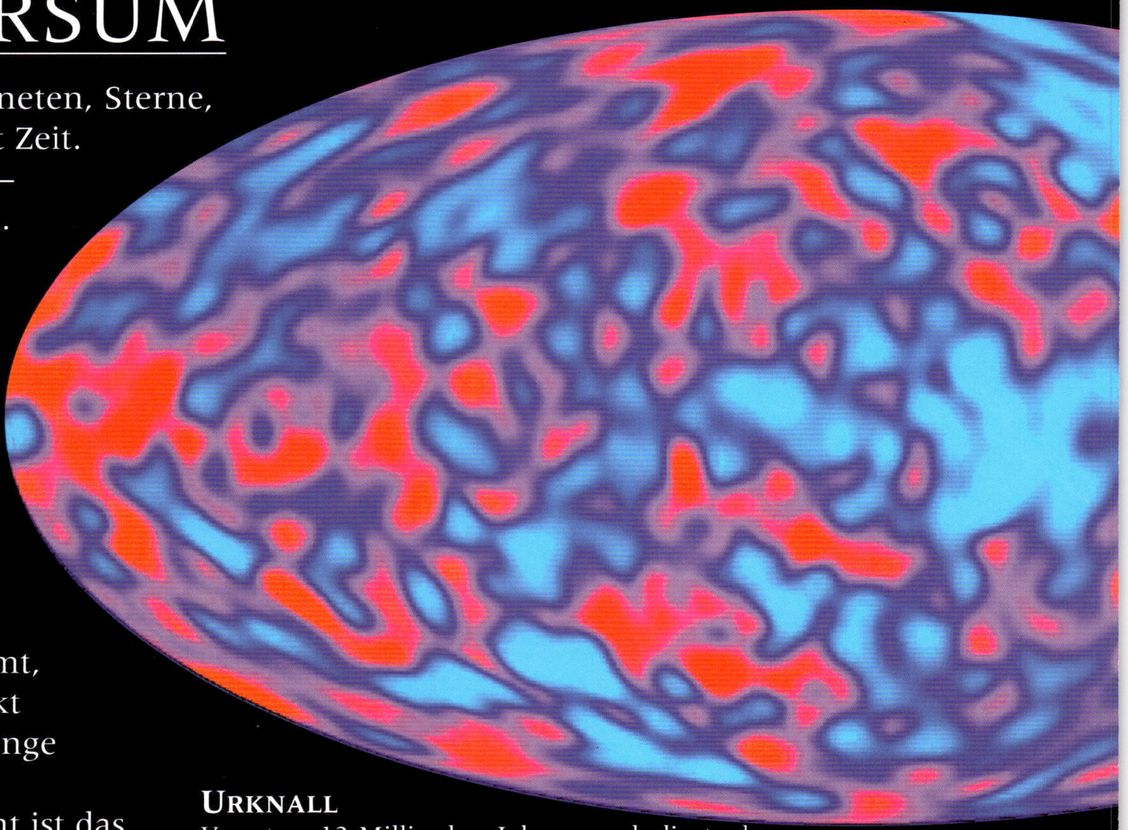

Muster aus Radiowellen aus allen Richtungen im All: vermutlich eine Nachwirkung des Urknalls.

URKNALL
Vor etwa 13 Milliarden Jahren explodierte das Universum aus dem Nichts. Astronomen nennen diesen heftigen Beginn den Urknall. Niemand weiß, was ihn verursachte. Mit ihm begann auch die Zeit – zu fragen, was davor war, ist also sinnlos. In nur einer einzigen Sekunde wuchs das All von der Größe von weniger als einem Atom auf mehr als 20.000 Lichtjahre. Es expandiert heute noch – und wird es vielleicht immer tun.

DIE WELTADRESSE
Der kosmische Maßstab lässt irdische Distanzen zwergenhaft wirken. Wir verlassen nun unser Zuhause und machen an Bord des Spaceshuttle eine Reise durch das Universum. Schon Sekunden nach dem Start verschwindet die Nachbarschaft aus unserem Blick.

DIE HEIMATSTADT
Minuten später ist unsere Heimatstadt nur noch als Miniatur zu sehen. Einzelne Häuser sind nicht mehr auszumachen, nur noch die Landebahnen eines Flughafens oder der Flickenteppich der Äcker und Wiesen auf dem Land.

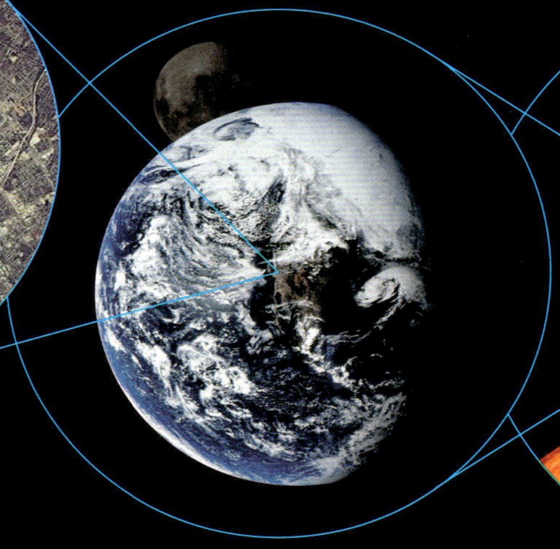

DER PLANET ERDE
40 Stunden nach dem Start sieht man Erde und Mond komplett. Die Erde wird von weißen Wolken bedeckt, die die braunen Landmassen kaum erkennen lassen. Zeichen menschlichen Lebens sind nicht mehr zu sehen.

DAS SONNENSYSTEM
27 Jahre später erreichen wir den Rand des Sonnensystems. Unterwegs haben wir vielleicht Mars, Jupiter, Saturn, Uranus und Neptun gesehen. Die Sonne, unser Stern, ist noch sichtbar.

Hubble-Weltraumteleskop-Aufnahme von einem kleinen Punkt am Himmel – fast jeder Fleck ist eine ganze Galaxie. Die weitesten sind zwölf Milliarden Lichtjahre entfernt, wir blicken also zwölf Milliarden Jahre zurück. Und das Universum sieht überall so aus.

Die Sterne

Nach etwa 500 Jahren kommen wir zum Nachbarstern unserer Sonne; sie ihrerseits ist zu einem winzigen Punkt unter vielen geschrumpft. Bei der Weiterreise passieren wir vielleicht farbige Nebel, in denen gerade neue Sterne entstehen. Sie strahlen eine intensive blauweiße Hitze aus.

Die Milchstrasse

Die Sonne ist einer von 200 Milliarden Sternen unserer Heimatgalaxie, der Milchstraße. Wenn wir die Milchstraße verlassen, wird ihre gigantische Spiralform deutlich. Eine Milliarde Jahre später erreicht das Raumfahrzeug dann unsere Nachbargalaxie Andromeda. Von Andromeda aus ist unsere Milchstraße nur noch ein kleiner Fleck am Himmel. Unsere Sonne ist längst nicht mehr zu sehen.

Das Universum

Die Milchstraße ist nur eine von Hunderten Milliarden Galaxien im All. Sie sind in enormen Haufen zusammengeballt und diese wieder in Superhaufen. Dazwischen ist eine ungeheure Leere. Die fernsten Galaxien wird man nie erreichen können: Sie bewegen sich schneller fort als unser Fahrzeug, und es bräuchte schon eine Zeitmaschine, um es mit ihnen aufzunehmen.

Raketen

Raumfahrzeuge brauchen den mächtigen Schub von Raketen, um ins All zu gelangen. Raketen funktionieren durch verbrennenden Treibstoff; zur Steigerung der Geschwindigkeit und um die notwendige Höhe zu erreichen, nutzen sie den Ausstoß von Gas. Raketen setzen sich aus – meist drei – Brennstufen zusammen. Die erste Stufe bringt das Gefährt in die obere Schicht der Atmosphäre. Ist der Brennstoff verbraucht, fällt die leere Stufe auf die Erde, und die zweite, leichtere Stufe beschleunigt die Rakete weiter. Die letzte Stufe bringt sie in eine Umlaufbahn um die Erde oder ins All.

Wostok I
12. April 1961: Der sowjetische Kosmonaut Juri Gagarin wurde der erste Mensch im All. *Wostok 1*, ein modifizierter Militärflugkörper, brachte seine Kapsel in die Umlaufbahn; die Pläne der Rakete wurden jahrelang geheim gehalten. Nachdem Gagarin in 108 Minuten einmal um die Erde gekreist war, sprang er in einer Höhe von 6.100 Metern ab und landete per Fallschirm auf einem russischen Feld.

Sojus
Heute fliegen russische Kosmonauten mit *Sojus*-Raketen ins All, einer modernen Version der *Wostok 1*. *Sojus* hat an der Basis vier kegelförmige Antriebsaggregate für zusätzliche Schubkraft. Die Mannschaftskapsel liegt unter der weißen Sektion; mit der kleinen Notrakete oben können sich die Astronauten retten, sollte der Start misslingen. *Sojus*-Raketen werden hauptsächlich für den Transfer zu Raumstationen wie der *Mir* eingesetzt.

Mondrakete
Flammen eines *Apollo*-Starts erhellen den Nachthimmel. Um aus der Schwerkraft der Erde und zum Mond zu gelangen, musste die *Saturn V*-Rakete eine Geschwindigkeit von 40.000 km/h erzielen – die Fluchtgeschwindigkeit. Die mächtigste Rakete der Welt verbrauchte 13 Tonnen Treibstoff pro Sekunde und war so hoch wie ein 32-stöckiges Gebäude. 1973 war ihr letzter Einsatz.

Sturz ins Wasser

Die Heimkehr zur Erde ist ein riskantes Unternehmen. Bei der Rückkehr der Kapsel der *Apollo* waren die Astronauten schneller als je ein Mensch zuvor. Beim Eintritt in die Erdatmosphäre begann die Landekapsel (der einzige Teil, der zurückkam) wie eine Sternschnuppe zu glühen. Sie war so schwer, dass sie von drei Fallschirmen gebremst werden musste. Nach dem Aufprall bewahrten Airbags sie vor dem Sinken. Die Astronauten wurden in Sicherheit gebracht, und ein Hubschrauber flog die angesengte Kapsel zu einem wartenden Schiff.

Ariane

Mit europäischen *Ariane*-Raketen werden Kommunikationssatelliten oder Sonden, genannt Nutzlast, in eine Umlaufbahn gebracht. Die jüngste dieser Raketen ist *Ariane 5*. Am Rumpf befinden sich zwei mächtige Antriebsraketen mit je einem Fallschirm für eine sanfte Ozeanlandung. Alles außer der Nutzlast fällt zurück zur Erde oder verglüht in der Atmosphäre. Die Raketen starten im südamerikanischen Französisch-Guayana.

Die Raketen der Zukunft

Die nächste Generation der Weltraumfahrzeuge werden keine Raketen, sondern Raumschiffe sein, die mit Motoren die Erdanziehungskraft überwinden; sie werden also mehrfach nutzbar und damit billiger sein. Ein Entwurf ist das Raumschiff *VentureStar*. Es wird senkrecht starten und bäuchlings landen. *VentureStar* könnte im 21. Jh. Fracht und Personal zu der dann fertigen *International Space Station* transportieren. Ein kleinerer Prototyp soll im Jahr 2000 mit Testflügen in der oberen Atmosphäre beginnen.

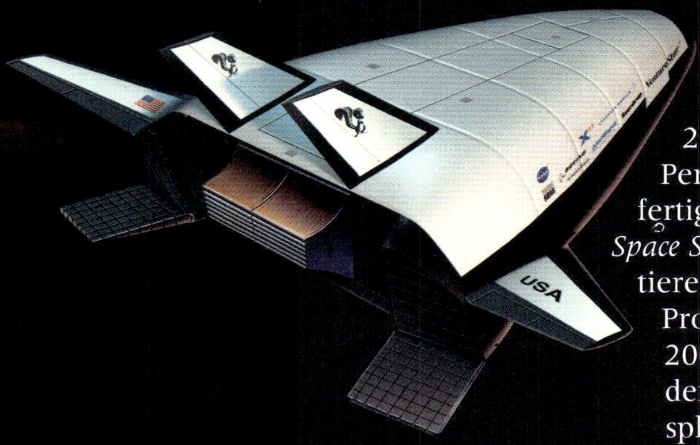

DER SPACESHUTTLE

DER SHUTTLE IST EIN AUSSERGEWÖHNLICHES Stück Technik: Als einziges Raumfahrzeug kann er ins All fliegen, zurückkehren und erneut starten. Sein wieder verwendbarer Teil wird Orbiter genannt. Zusammen mit dem orangefarbenen Treibstofftank und den beiden Startraketen wiegt der Shuttle mehr als 2.000 Tonnen. Die größten Fahrzeuge der Welt sind nötig, um ihn zu seiner Startbasis in Cape Canaveral, Florida, zu bringen. Durchschnittlich dauert eine Shuttle-Mission zehn Tage, in denen der Orbiter die Erde ungefähr 160-mal umkreist.

Ein luftiger Zugang von der Startrampe aus bringt Techniker und Crew in den Shuttle.

ZIEL: UMLAUFBAHN

Der Shuttle braucht nur achteinhalb Minuten, um ins All zu gelangen. Beim Beschleunigen fühlt sich die Besatzung dreimal so schwer wie sonst. Wenn Startraketen und Tank abgesprengt sind, bringen die bordeigenen Maschinen den Shuttle in die Umlaufbahn. In einer Höhe von 320 km bewegt er sich dann mit etwa 28.000 km/h.

START!

Ein Flammenschweif schießt aus den Antriebsraketen, wenn der Shuttle von der Rampe abhebt. Wie ein gigantisches Feuerwerk kann er nicht mehr gestoppt werden, bis ihm die Energie ausgeht. Die zwei Motoren verbrennen flüssigen Treibstoff aus dem riesigen Tank: 700 Tonnen in acht Minuten – mit der erzeugten Energie ließe sich der Staat New York beleuchten.

AUSGEBRANNT

Der größte Teil des Shuttle ist der Treibstofftank: Er ist so hoch wie 15 Stockwerke. Bevor der Shuttle die Umlaufbahn erreicht, wird der leere Tank abgesprengt und verglüht beim Wiedereintritt in die Atmosphäre. Auch die schweren Startraketen fallen bald nach dem Start ab, gehen an Fallschirmen im Ozean nieder und werden dann wieder verwendet.

DIE CHALLENGER-KATASTROPHE

Bei der 25. Shuttle-Mission am 28. Januar 1986 kamen sieben Astronauten ums Leben. Die *Challenger* explodierte 73 Sekunden nach dem Start: Heißes Gas aus einer der Antriebsraketen hatte sich entzündet; das Feuer setzte den Brennstoff im Haupttank in Brand. Die Shuttle-Überreste stürzten ins Meer.

Das Kontrollcenter

Sofort nach dem Shuttle-Start in Cape Canaveral übernimmt das Kontrollcenter in Houston, Texas, das Kommando. Bei Weltraumflügen ist es 24 Stunden am Tag besetzt; das Kontrollpersonal arbeitet in drei Schichten. 20 Mitarbeiter pro Schicht studieren sorgfältig alle Daten auf ihrem Monitor. Eine große Weltkarte zeigt, wo sich der Shuttle gerade befindet. Auf einem weiteren Bildschirm sind Live-Fernsehberichte zu sehen.

Orbiter mit geöffnetem Frachtraum

Werkstatt im All

Im Shuttle-Frachtraum werden Satelliten, Versuchsanordnungen und Labors transportiert, die auf manchen Missionen durch einen Gang mit den Wohnkabinen am Orbiter verbunden sind. Das Bild zeigt zwei Astronauten bei der Wartung des Hubble-Weltraumteleskops. Sie stehen auf einem am Shuttle-Frachtraum befestigten beweglichen Arm.

Unter den Astronauten ist Floridas Küstenlinie zu sehen.

Das Innere des Shuttle

Den meisten Platz im Orbiter beansprucht der Frachtraum: Fünf Autos passen, dicht an dicht, hinein. Die Besatzung von bis zu acht Leuten zwängt sich in die Arbeits- und Wohnkabinen an der Spitze des Orbiters. Die vordere Sektion ist zweigeteilt: Oben befindet sich das Flugdeck, von dem aus Kommandant und Pilot den Flug kontrollieren. Darunter liegt das mittlere Deck, wo die Crew isst, schläft, sich wäscht und fit hält.

Nach der Landung mit etwa 320 km/h wird der Orbiter per Fallschirm abgebremst.

Gleitflug zur Erde

Bei seiner Rückkehr wird der Orbiter zum größten Segelflugzeug der Welt. Die Reibung beim Wiedereintritt in die Atmosphäre bremst ihn ab, eine Beschichtung schützt ihn vor den sengenden Temperaturen. Fünf Computer wachen über den Wiedereintritt, dann übernimmt der Kommandant den Landevorgang, für den er nur einen Versuch hat. Landet der Orbiter in Kalifornien, wird er auf dem Rücken eines speziellen Jumbo-Jets nach Florida geflogen.

IM ALL LEBEN

DIE SCHWERELOSIGKEIT IST DAS KURIOSESTE am Leben im Weltall. Bewegungen, die auf der Erde unmöglich sind, werden zum Kinderspiel, wie Saltos aus dem Stand oder das Heben schwerer Lasten. Schwerelosigkeit macht das Leben aber auch schwieriger: Rasiert sich ein Crewmitglied, muss es die Stoppeln absaugen, damit sie nicht herumfliegen. Um stehen zu bleiben, setzt man den Fuß in eine Halterung. Auch essen, trinken, schlafen und die Benutzung der Toilette wollen neu gelernt sein. Viele Astronauten leiden am Anfang an der Raumkrankheit, bis sich der Körper nach einigen Tagen umgewöhnt hat.

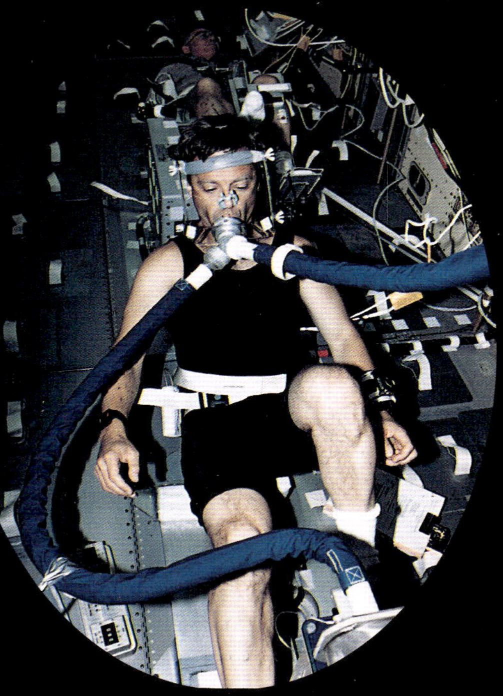

FIT BLEIBEN
Fehlt die Schwerkraft, gegen die man sich behaupten muss, werden Muskeln und Knochen schwach. Deshalb trainieren Astronauten jeden Tag – auf dem Laufrad, der Rudermaschine oder auf dem Rad (oben). Die meisten wachsen während ihres Aufenthaltes im All etwa 5 cm: Ohne Schwerkraft streckt sich die Wirbelsäule.

AN DER WAND SCHLAFEN
Im All gibt es kein oben oder unten; die Astronauten können an der Wand oder der Decke schlafen. Einige benutzen Kojen, andere schnallen ihre Schlafsäcke fest (rechts), um nicht umherzuschweben. Im All gibt es weder Tag noch Nacht, deshalb tragen die Astronauten Augenmasken.

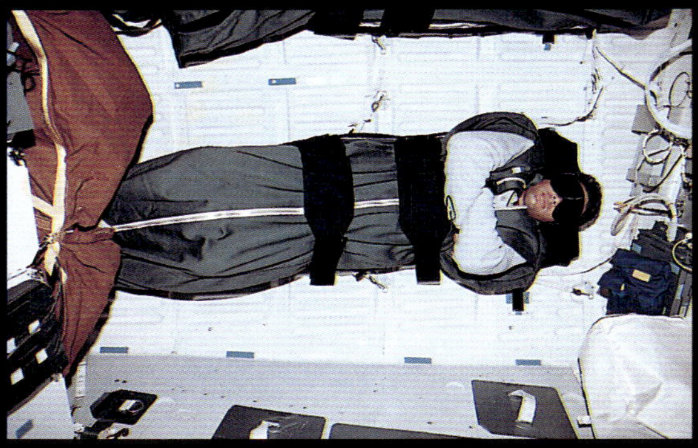

GETRÄNKE

FRÜCHTE UND NÜSSE

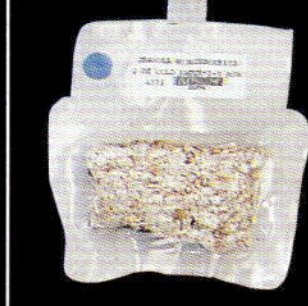
MÜSLI

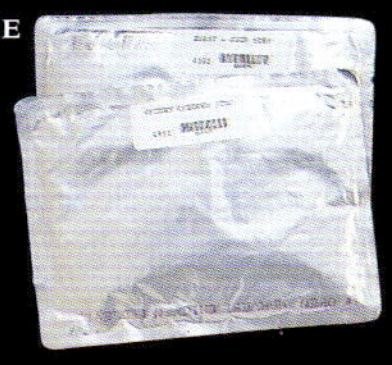
RINDFEISCH SÜSS-SAUER

FERTIGGERICHTE
Astronauten essen dreimal am Tag und können dabei unter mehr als 70 heißen und kalten Gerichten und verschiedenen Getränken wählen. Das Essen jedes Astronauten ist jeweils mit farbigen Punkten markiert. Vieles davon ähnelt Ware aus dem Supermarkt; manches muss mit heißem Wasser angerührt werden. Der Speiseplan wird vor der Mission erstellt.

FREI SCHWEBEND
Zu den Mahlzeiten kann es auf dem Shuttle-Mitteldeck schon mal eng werden (oben). An Ort und Stelle zu bleiben ist ein Problem – zum Glück aber können Astronauten in jeder Position essen, und die Mahlzeit wird einfach festgeklemmt. Flüssigkeit kommt per Trinkhalm aus Plastikpacks, sonst würde sie davontreiben.

Arbeit im All

Treten bei einem Satelliten Probleme auf, kann der Orbiter Hilfe bringen. Hier sehen wir, wie ein Astronaut einen Kommunikationssatelliten birgt, der auf eine falsche Umlaufbahn geraten war. Auf der Erde – wohin er später zur Reparatur gebracht wurde – wiegt er mehrere Tonnen.

Spaziergang im All

Ein Astronaut macht einen »Spaziergang im All«. Dafür muss er einen speziellen Anzug tragen, der ihn vor dem Vakuum im Weltraum schützt. Ohne ihn würde sein Blut zu kochen beginnen, und er wäre innerhalb von Sekunden tot. Die Anzüge mit eigener Energieversorgung, Sauerstoff- und Kühlsystemen sind wie Miniatur-Raumfahrzeuge. Shuttle-Astronauten haben zusätzlich spezielle Flug-Rucksäcke.

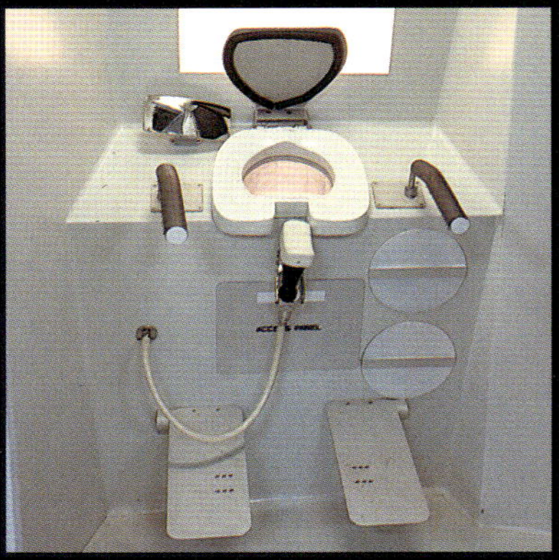

Saugtoilette

Toiletten im All funktionieren wie Staubsauger: Ein Luftstrom saugt den Unrat in einen Behälter.
Auf der *Mir* wird die Flüssigkeit in Trinkwasser recycelt. Bei früheren Missionen benutzte man einfach Abfallsäcke oder trug windelartige Unterwäsche.

Raumstationen

In einer Raumstation können Astronauten Monate oder Jahre im All verbringen: Das Klima wird sorgfältig kontrolliert, Luft und Wasser werden ständig recycelt; mächtige Sonnenkollektoren sorgen für eine dauerhafte Stromversorgung. Den Rekord für den längsten Aufenthalt im All hält der russische Arzt Valeri Poliakow, der 438 Tage auf der Station *Mir* verbrachte. Dank ihm und anderen Raumstation-Veteranen weiß man heute mehr darüber, wie sich Schwerelosigkeit auf den menschlichen Körper auswirkt. Dieses Wissen wird lebenswichtig sein, sollten sich Astronauten eines Tages auf den Weg zu anderen Planeten machen.

Skylab
Die US-Raumstation *Skylab*, hier über dem Amazonas, wurde aus Resten des *Apollo*-Mondfluges gefertigt – die Wohnräume der Besatzung waren einmal eine *Saturn*-Rakete. Neun Astronauten lebten hier zwischen 1973 und 1974 und führten Hunderte von Experimenten durch. Dann wurde *Skylab* aufgegeben. Sie verbrannte 1979 bei ihrem Wiedereintritt in die Atmosphäre.

Mir
Die russische Raumstation *Mir* ist seit 1986 im All. Sie wurde dort aus verschiedenen Teilen, Module genannt, zusammengesetzt. Die *Mir* hat eine bewegte Vergangenheit: Zweimal brannte es an Bord, 1997 wurde sie bei einem Zusammenstoß mit einem Versorgungsfahrzeug beschädigt. Die Station wird es nicht mehr lange geben. Die letzten Astronauten sind von Bord; irgendwann wird die *Mir* auf die Erde zurückfallen und verglühen.

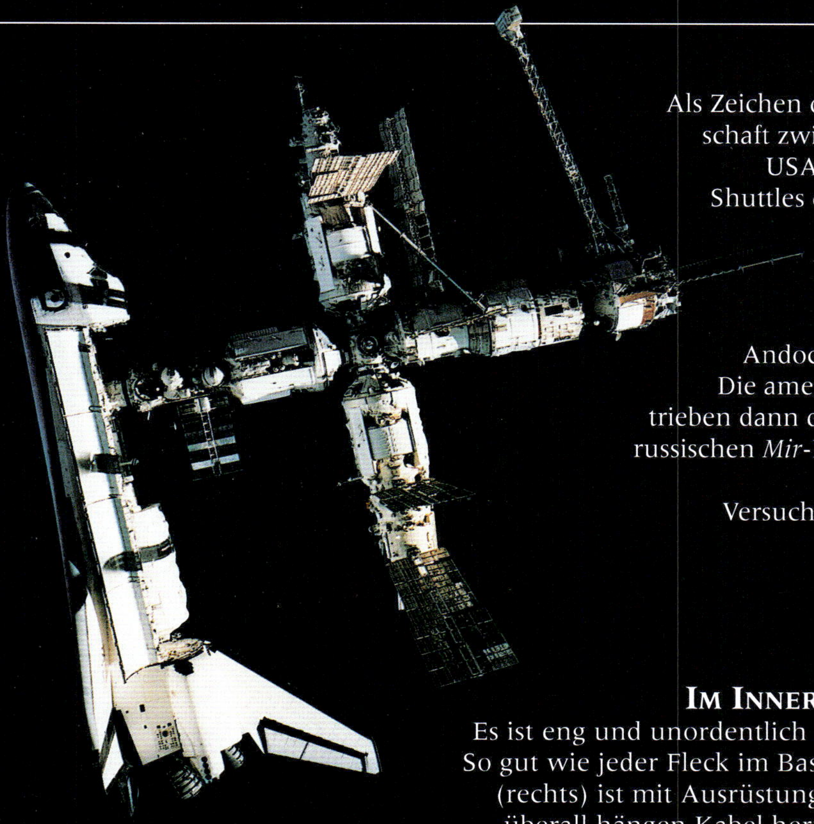

Der Spaceshuttle *Atlantis* legte 1995 an die *Mir* an.

Ost und West

Als Zeichen der wachsenden Freundschaft zwischen Russland und den USA begannen im Jahr 1995 Shuttles die *Mir* zu besuchen. Um das Risiko eines Zusammenpralls zu reduzieren, bremsten die Shuttles beim Andocken bis auf 0,1 km/h ab. Die amerikanischen Astronauten trieben dann durch einen Gang zu den russischen *Mir*-Kosmonauten, denen sie auch neue Vorräte und Versuchsanordnungen brachten.

Sieben Astronauten und drei Kosmonauten feiern bei einem Shuttle-Besuch auf der **Mir** *Kopf an Kopf.*

Im Inneren der Mir

Es ist eng und unordentlich auf der *Mir:* So gut wie jeder Fleck im Basis-Modul (rechts) ist mit Ausrüstung belegt, überall hängen Kabel herum. Es gibt hygienische Probleme, sodass es hier nicht besonders gut riecht. Auch wenn es kein oben und unten im All gibt, wurden in einigen Räumen Boden und Deckenlichter eingesetzt, damit sich die Besatzung heimischer fühlt. Zwei Crewmitglieder haben separate Kabinen mit Bullaugen und Schlafsäcken; der Rest schläft im Basis-Modul.

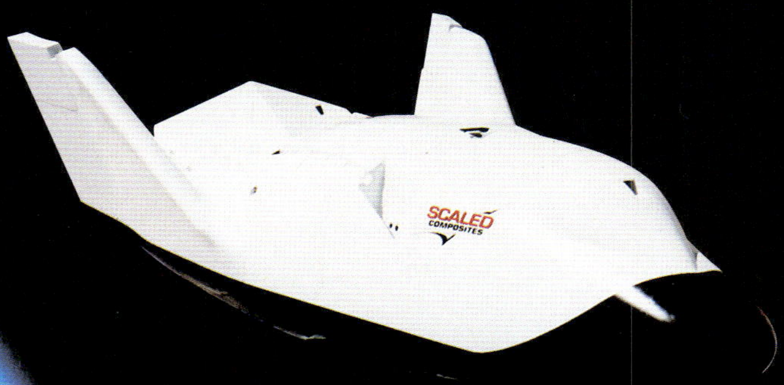

International Space Station

Viele Länder der Erde haben sich zusammengetan, um die bisher größte Raumstation zu errichten, die *International Space Station (ISS)*. Ihr Bau wird mindestens sechs Jahre dauern und etwa 40 Milliarden Dollar kosten. Mit der doppelten Größe eines Fußballfeldes wird sie der hellste »Stern« am Himmel werden. Das erste Modul kam am 20. November 1998 ins All, für den Rest sind 45 weitere Flüge nötig.

Rettungsboot

Das Leben im All ist gefährlich, deshalb wird die *International Space Station* ein Gefährt haben, das die siebenköpfige Besatzung im Notfall zur Erde zurückbringt. Das Shuttle-ähnliche Fahrzeug fliegt ohne Pilot und sinkt nach dem Eintritt in die Atmosphäre an einem Fallschirm zur Erde.

Die Station Mir *umkreist in einer Höhe von 320 km die Erde einmal in 90 Minuten. Sie überfliegt dabei die dichtest besiedelten Teile der Erde, einschließlich Europa und Nordamerika.*

SATELLITEN

ALLES, WAS EINEN PLANETEN UMKREIST, ist ein Satellit. Unser Mond ist ein natürlicher; daneben hat die Erde noch ungefähr 500 künstliche Satelliten, die der Wetterbeobachtung oder der Übermittlung von Fernsehbildern dienen. Satelliten werden von Raketen oder dem Spaceshuttle ins All gebracht und an einer exakt berechneten Stelle ausgesetzt. Für Energie sorgen Solarzellen, die das intensive Sonnenlicht im All auffangen. Satelliten umkreisen die Erde meist so schnell wie diese sich selbst – sie stehen also immer über derselben Stelle.

SPIONE AM HIMMEL

Die ausgereiftesten Satelliten werden zu Spionagezwecken eingesetzt. Einige haben Teleskope, mit denen vom All aus Zeitungsüberschriften lesbar sind. Das Bild zeigt, wie ein US-Spionagesatellit aus einem Spaceshuttle ausgesetzt wird. Der Satellit ist ein militärisches Frühwarnsystem: Er reagiert auf die Hitze, die Raketen ausstoßen.

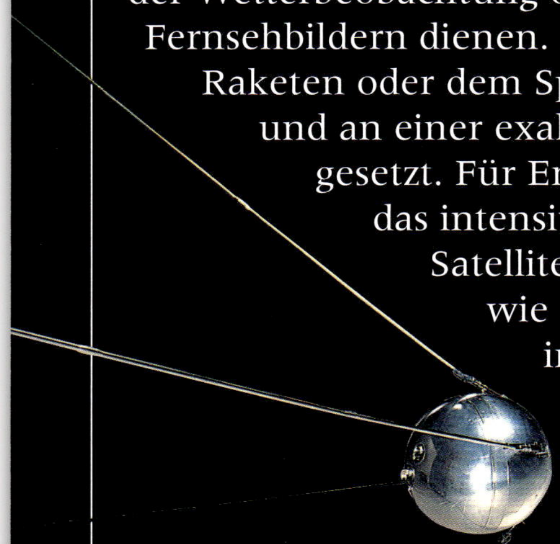

Sputnik 1 *war eine Metallkugel, 58 cm dick und mit vier Antennen. Im Inneren befand sich ein Sender.*

SPUTNIK

Im Oktober 1957 versetzte die Sowjetunion die Welt in Erstaunen, als sie den ersten Satelliten ins All brachte. *Sputnik 1* umkreiste die Erde alle 96 Minuten und sendete dabei ein Radiosignal. Nach 92 Tagen tauchte er wieder in die Atmosphäre ein und verglühte. Später schickten die Sowjets *Sputnik 2* ins All, an Bord war ein Hund namens Laika. Laika starb während des Fluges.

WETTERBEOBACHTUNG

Wettersatelliten haben ein Auge auf die Entwicklung von Wolkenfeldern. Mit Hilfe ihrer Bilder können Wissenschaftler die Wetterentwicklung über Tage und Wochen vorhersagen. In Hurrikan-Gebieten kann das Menschenleben retten. Das Bild oben zeigt den Hurrikan Fran 1996, wie er sich auf den nordamerikanischen Kontinent zubewegt (links Florida). Fran zerstörte in North Carolina mehr als 30.000 Häuser.

»LIVE ÜBER SATELLIT!«

Wenn wir am anderen Ende der Welt anrufen, wird unsere Stimme über mehrere Kommunikationssatelliten (Comsats) mit Lichtgeschwindigkeit durchs All geschickt. Die Satelliten übertragen auch TV-Livebilder – ein einzelner schafft gleichzeitig über 40.000 Telefongespräche und diverse Fernsehprogramme.

Kommunikationssatelliten sind ungefähr dreimal größer als ein Auto. Sie stehen immer über der gleichen Stelle.

Erdvermessung

Manche Satelliten sind auf Landaufnahmen für die unterschiedlichsten Zwecke spezialisiert: zur Erstellung von Landkarten, zur Suche nach Bodenschätzen oder zur Untersuchung der Folgen von Naturkatastrophen wie Fluten oder Waldbrände. Das Satellitenbild rechts zeigt die Bucht von San Francisco. Die Stadt liegt am Nordwestrand der Bucht, die Golden-Gate-Brücke nördlich davon. Im Nordosten ist die Alcatraz-Insel, einst ein berüchtigtes Gefängnis.

In 26 Tagen um die Welt

Der Satellit *SPOT* (oben) umkreist die Erde von Pol zu Pol und fotografiert alles, was unter ihm liegt. Durch die Erdrotation passiert *SPOT* jedes Mal ein anderes Gebiet: Innerhalb von 26 Tagen fotografiert er die gesamte Erdoberfläche. Seine Teleskope sind nicht so stark wie die der Spionage-Satelliten – sie sehen nur Objekte von der Größe der Pyramiden.

Satelliten übermitteln Bilder als elektronische Daten. Die Bearbeitung durch Hochleistungs-Computer dient dann dazu, Besonderheiten sichtbar zu machen. Das Bild oben wirkt durch die Bearbeitung realistisch; das Bild links wurde modifiziert, um die Vegetation (rote Gebiete) hervorzuheben.

IST DA DRAUSSEN JEMAND?

SOWEIT BEKANNT, IST DIE ERDE der einzige Ort im Universum, der Leben beherbergt. Unsere Galaxie enthält aber womöglich Milliarden Planeten, die wir nicht sehen können – und es gibt noch Milliarden von Galaxien im All. Viele Astronomen halten es für unwahrscheinlich, dass nur auf der Erde Leben existiert; es gibt sogar die schwache Möglichkeit, dass im Sonnensystem Leben vorhanden ist – vielleicht unter der eisigen Oberfläche des Jupitermondes Europa. Ob wir aber jemals Zeichen von intelligentem Leben entdecken? Und werden fremde Zivilisationen in der Lage sein uns zu besuchen?

AUSSERIRDISCHE BELAUSCHEN
Falls fremde Zivilisationen existieren, benutzen sie möglicherweise Funkwellen zur Kommunikation – und dann könnten wir sie »belauschen«. Astronomen des SETI-Programms (Search for ExtraTerrestrial Intelligence) suchen mit riesigen Radioteleskopen den Himmel nach fremden Signalen ab, bislang allerdings ergebnislos. Inzwischen senden wir selbst Radio- und Fernsehsignale ins All – vielleicht wird man dadurch eines Tages auf uns aufmerksam.

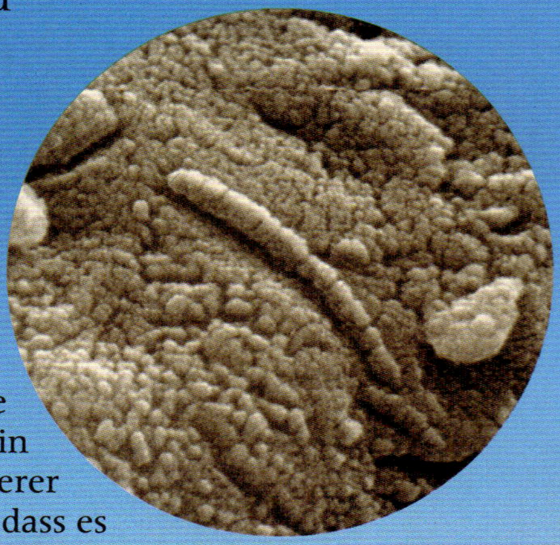

MIKROBEN AUF DEM MARS?
Im Jahr 1996 elektrisierten NASA-Wissenschaftler die Welt mit der Nachricht, sie hätten auf einem Mars-Meteoriten Überreste niederer Lebensformen entdeckt – wurmförmige Strukturen, 100-mal dünner als ein menschliches Haar. Nach näherer Begutachtung aber wurde entschieden, dass es sich nur um Gesteinsrisse handelte.

ARECIBO-RADIOTELESKOP

Sollte ein Außerirdischer jemals auf die Pionier- *oder* Voyager-*Sonden stoßen, findet er diese Botschaften.*

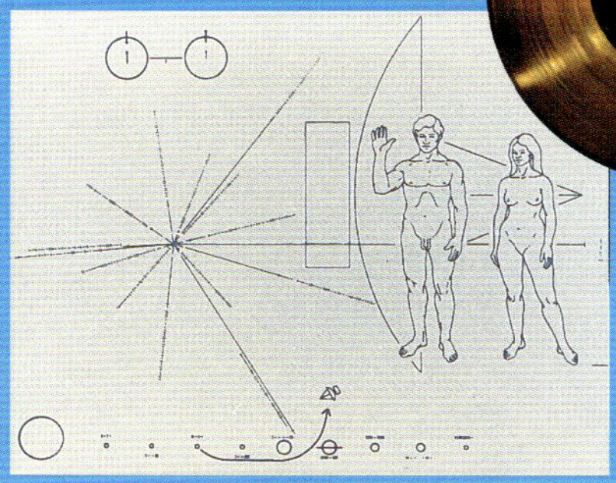

Goldene Schallplatte

Voyager-Sonden haben altmodische Platten mit Aufzeichnungen irdischer Geräusche – von Beethovens Musik bis zu Grußworten in 56 Sprachen – und über 100 codierten Fotografien dabei. Jede Sonde enthält auch ein Abspielgerät.

Entwurf eines Raumteleskops der Zukunft

Suche nach fremden Welten

Vielleicht gibt es Milliarden von Planeten, auf denen Leben möglich ist – mit heutigen Teleskopen sind sie jedoch nicht zu entdecken. Für die Suche nach Welten außerhalb unseres Sonnensystems setzen Astronomen auf Teleskope, die im All stationiert werden und die Erde umkreisen – wie Hubble.

Flaschenpost

Während wir dies lesen, stoßen vier Sonden tief ins All vor. Jede trägt eine Botschaft für denjenigen, der sie findet. Die *Pioneer*-Sonden enthalten gravierte Metallplatten, die einen Mann und eine Frau sowie die Stellung der Erde im Sonnensystem zeigen. Die beiden *Voyager* haben Platten dabei, die durch Gold-Überzug vor Staub geschützt sind.

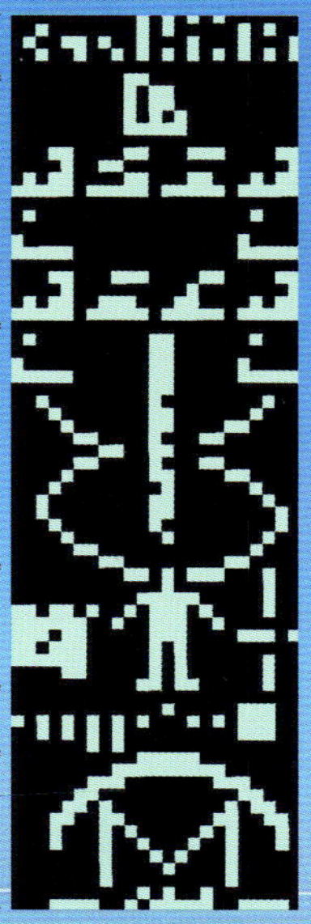

Arecibo-Botschaft

Im Jahr 1974 schickten Wissenschaftler mit dem Arecibo-Radioteleskop (unten) eine Botschaft ins All mit der Hoffnung, dass intelligente Lebensformen sie entschlüsseln werden: einfache Bilder vom Leben auf der Erde. Sie wurden in Richtung eines Sternenhaufens namens M 13 gesendet. M 13 aber ist so weit entfernt, dass wir auf eine mögliche Antwort mindestens 48.000 Jahre warten müssen.

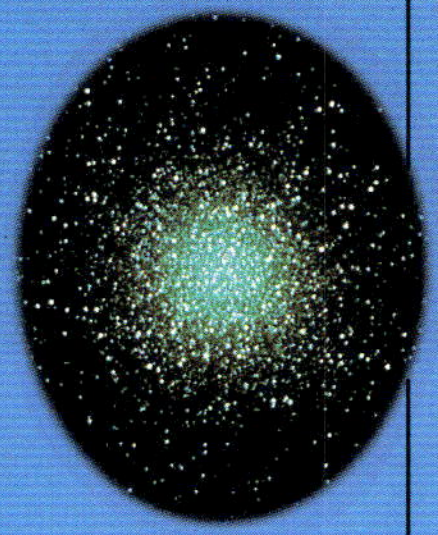

Der Sternenhaufen M 13

Arecibo

In Arecibo steht die weltgrößte Satellitenschüssel. Sie ist 305 m breit und in eine Senke in den Bergen von Puerto Rico gebaut. Die Krümmung der Schüssel reflektiert die Radiowellen auf einen Empfänger/Sender. Der Empfänger ist in verschiedene Richtungen lenkbar.

WELTRAUMDATEN

Sonnensystem	Sonne	Merkur	Venus	Erde	Mars	Jupiter	Saturn	Uranus	Neptun	Pluto
Durchmesser (in km)	1.392.000	4878	12.103	12.756	6786	142.984	120.536	51118	49.528	2274
Masse (Erde = 1)	332.946	0,05	0,82	1	0,11	318	95,18	14,5	17,14	0,002
Schwerkraft Oberfläche (Erde = 1)	27,9	0,38	0,91	1	0,38	2,36	0,92	0,89	1,12	0,07
Durchschn. Oberfl.-Temp. (in °C)	5500	179	482	15	–63	–121	–180	–193	–200	–230
Tageslänge (1 Umdrehung, in Std.)	610–864	1408	5832	24	25	10	10	18	19	153
Jahreslänge (in Erdtagen)	–	88	225	365	687	4333	10.760	30.685	60.190	90.800
Entfernung v. d. Sonne (in Mio. km)	–	58	108	150	228	778	1427	2871	4498	5906
Mittl. Bahngeschwindigkeit (km/h)	–	172.332	126.072	107.244	86.868	47.016	34.812	24.516	19.548	17.064
Anzahl der Ringe	0	0	0	0	0	3	7	10	6	0
Anzahl der bekannten Monde	–	0	0	1	2	16	18	17	8	1

Totale Sonnenfinsternisse bis 2012*

Datum	Zu sehen
21. Juni 2001	Indischer Ozean, Südafrika, südl. Atlantik
4. Dezember 2002	Australien, Indischer Ozean, Südafrika
23. November 2003	Indischer Ozean, Antarktis
8. April 2005	Mittelamerika
29. März 2006	Zentralasien, Afrika
1. August 2008	China, Russland, Grönland
22. Juli 2009	Pazifik, China, Indien
11. Juli 2010	Südamerika, Pazifik
13. November 2012	Südpazifik

* Siehe auch Karte auf Seite 11

Totale Mondfinsternisse bis 2012

Datum	Zu sehen
16. Juli 2000	Pazifik, Australien, S/O-Asien
9. Januar 2001	Afrika, Europa, Asien
16. Mai 2003	Südamerika, Antarktis
9. November 2003	Südamerika, Europa, W-Afrika
4. Mai 2004	Afrika, Naher Osten, Indien
28. Oktober 2004	Amerika, westl. Afrika, westl. Europa
3. März 2007	Afrika, Europa, Naher Osten
28. August 2007	Alaska, Nordamerika, Pazifik, östl. Australien
21. Februar 2008	Amerika, westl. Europa, westl. Afrika
21. Dezember 2010	Nordamerika, Pazifik
10. Dezember 2011	Pazifik

Jährliche Meteorschauer

Name	Höhepunkt
Quadrantiden	3.–4. Januar
Lyriden	20.–22. April
Eta-Aquariden	4.–6. Mai
Delta-Aquariden (südl.)	28.–29. Juli
Delta-Aquariden (nördl.)	6. August
Jota-Aquariden (südl.)	6.–7. August
Perseiden	12. August
Jota-Aquariden (nördl.)	25.–26. August
Orioniden	21.–22. Oktober
Tauriden	3.–5. November
Leoniden*	17.–18. November
Geminiden	13.–14. Dezember
Ursiden	23. Dezember

*** verursachte 1999 einen spektakulären Meteorschauer.**

Grössen im Vergleich

Diese Abbildungen sollen die relative Größe von Sonne und den neun Planeten verdeutlichen. Der orangefarbene Hintergrund dieser Seite stellt die Sonne dar. Der kleinste Planet, Pluto, ist nur stecknadelkopfgroß.

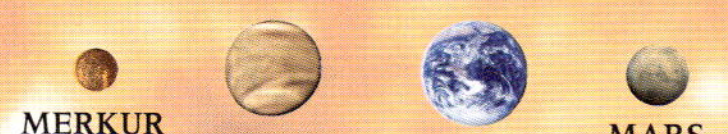

MERKUR VENUS ERDE MARS

JUPITER

SATURN

Entfernung zur Sonne

Der Maßstab zeigt, wie weit die Planeten von der Sonne entfernt sind. Merkur ist der nächste, Pluto ist mehr als 100-mal weiter entfernt.

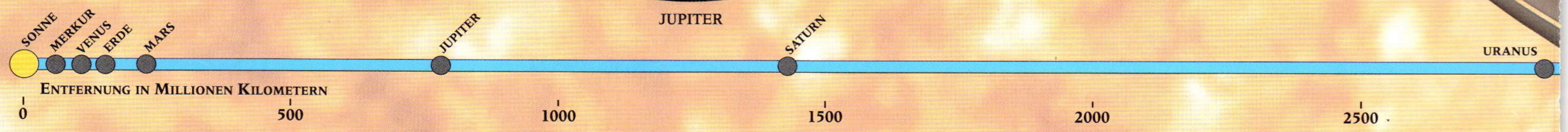

Die nächsten Sterne

Name	Sternbild	Entfernung (in Lichtjahren) *
Sonne	–	0,000015
Proxima Zentauri	Zentaurus	4,2
Alpha Centauri A	Zentaurus	4,3
Alpha Centauri B	Zentaurus	4,3
Barnards Pfeilstern	Ophiuchus	5,9
Wolf 359	Löwe	7,6
Lalande 21185	Großer Bär	8,1
Sirius A	Großer Hund	8,6
Sirius B	Großer Hund	8,6
UV Ceti A	Walfisch	8,9

Die hellsten Sterne von der Erde aus

Name	Sternbild	Entfernung (in Lichtjahren) *
Sonne	–	0,000015
Sirius A	Großer Hund	8,6
Canopus	Carina	313
Alpha Centauri A	Zentaurus	4.3
Arcturus	Bootes	36
Wega	Leier	25
Capella	Fuhrmann	42
Rigel	Orion	773
Prokyon	Kleiner Hund	11
Achernar	Eridanus	144
Betelgeuze	Orion	427

* Ein Lichtjahr = 9,46 Billionen km

Meilensteine der Weltraumfahrt

4. Okt. 1957: Start von *Sputnik 1*, der ersten Raumsonde.

3. Nov. 1957: Der russische Hund Laika ist das erste Lebewesen im All.

LAIKA

31. Jan. 1958: Start von *Explorer 1*, der ersten US-Sonde.

10. Okt. 1959: Die sowjetische Sonde *Luna 3* sendet die ersten Bilder von der erdabgewandten Mondseite.

12. Apr. 1961: Der sowjetische Kosmonaut Juri Gagarin ist der erste Mensch im Weltall.

5. Mai 1961: Alan Shepard ist der erste US-Astronaut im All.

JOHN GLENN

20. Feb. 1962: John Glenn führt als erster Amerikaner eine Erdumkreisung durch.

10. Juli 1962: Start von *Telstar 1*, dem ersten kommerziellen Kommunikationssatelliten.

16. Juni 1963: Die sowjetische Kosmonautin Valentina Tereschkowa ist die erste Frau im All.

18. März 1965: Erster »Spaziergang« im All (von Kosmonaut Alexej Leonow).

15. Juli 1965: Die US-Sonde *Mariner 4* absolviert den ersten erfolgreichen Mars-Vorbeiflug.

3. Feb. 1966: Erste erfolgreiche Landung auf dem Mond durch die sowjetische Sonde *Luna 9*.

27. Jan. 1967: Drei US-Astronauten der *Apollo 1* verbrennen auf der Startrampe.

24. Apr. 1967: Erster Tod im All. Der Sowjetrusse Wladimir Komarow stirbt bei der Rückkehr zur Erde; der Fallschirm seiner Kapsel hatte sich verhakt.

18. Okt. 1967: Erste Venus-Landung durch die sowjetische Sonde *Venera 4*.

24. Dezember 1968: Mit *Apollo 8* fliegen erstmals Menschen um den Mond.

20. Juli 1969: Der US-Astronaut Neil Armstrong setzt als erster Mensch einen Fuß auf den Mond.

17. Nov. 1970: Das russische *Lunokhod 1* ist das erste Geländefahrzeug auf dem Mond.

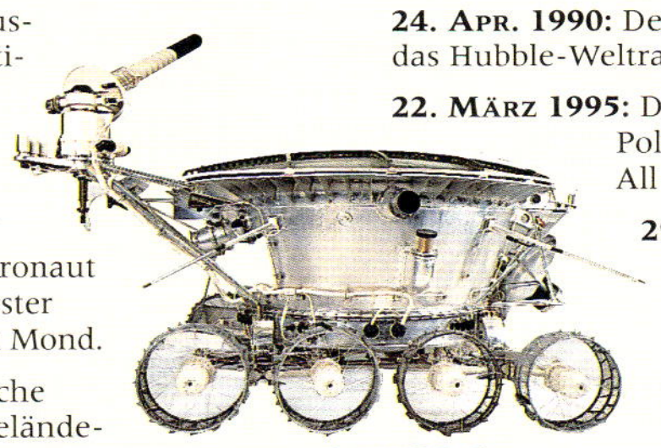

LUNOKHOD 1

19. Apr. 1971: Start der sowjetischen *Salyut 1*, der ersten Raumstation.

29. Juni 1971: Drei Russen sterben beim Wiedereintritt von *Sojus 11* in die Atmosphäre.

19. Dez. 1972: Wasserlandung von *Apollo 17*, der letzten bemannten Apollo-Mondmission.

5. Dez. 1973: Erster Flug über Jupiter durch die US-Sonde *Pioneer 10*.

29. März 1974: Die US-Sonde *Mariner 10* überfliegt zum ersten Mal Merkur.

17. Juli 1975: Erstes Andockmanöver eines US- und eines Sowjet-Raumfahrzeugs (*Apollo-Sojus*). Händeschütteln der Astronauten.

20. Juli 1976: Erste erfolgreiche Marslandung durch die US-Sonde *Viking 1*.

1. Sep. 1979: Erster Überflug von Saturn durch US-Sonde *Pioneer 11*.

12. Apr. 1981: Start des ersten US-Shuttles, *Columbia*.

24. Jan. 1986: Erster Überflug von Uranus durch die US-Sonde *Voyager 2*.

28. Jan. 1986: Shuttle *Challenger* explodiert beim Start. Alle sieben Crewmitglieder kommen um.

20. Februar 1986: Start der russischen Weltraumstation *Mir*.

14. März 1986: Die europäische Sonde *Giotto* vollzieht den ersten nahen Vorbeiflug an einem Kometen (Halley).

SPACESHUTTLE *COLUMBIA*

25. August 1989: Erster Flug über Neptun von *Voyager 2*.

24. Apr. 1990: Der Spaceshuttle *Discovery* setzt das Hubble-Weltraumteleskop aus.

22. März 1995: Der russische Kosmonaut Waleri Poliakow stellt mit 438 Tagen im All einen neuen Rekord auf.

29. Okt. 1998: Mit 77 Jahren ist US-Astronaut John Glenn der älteste Mensch, der je im All war.

20. Nov. 1998: Der erste Teil der *International Space Station* wird ins All geschickt.

Weltall-Websites

Thema	Web-Adresse
Raumfahrtmissionen	http://www.jpl.nasa.gov
Europäisches Süd-Teleskop	http://www.eso.org/outreach
Europäische Weltraumbehörde	http://sci.esa.int
Deutsche Weltraumfahrt	http://www.dlr.de
Hubble-Weltraumteleskop	http://www.stsci.edu
International Space Station	http://station.nasa.gov/station
Das Münchner Astro-Archiv	http://www.maa.mhn.de/dt_house.html
Mars-Missionen	http://mars.jpl.nasa.gov
Planetenbilder der NASA	http://photojournal.jpl.nasa.gov
Astronomie	http://www.astronomie.de
Spaceshuttle	http://www.shuttle.nasa.gov
Bilder vom Sonnensystem	http://bang.lanl.gov/solarsys/eng/homepage.htm

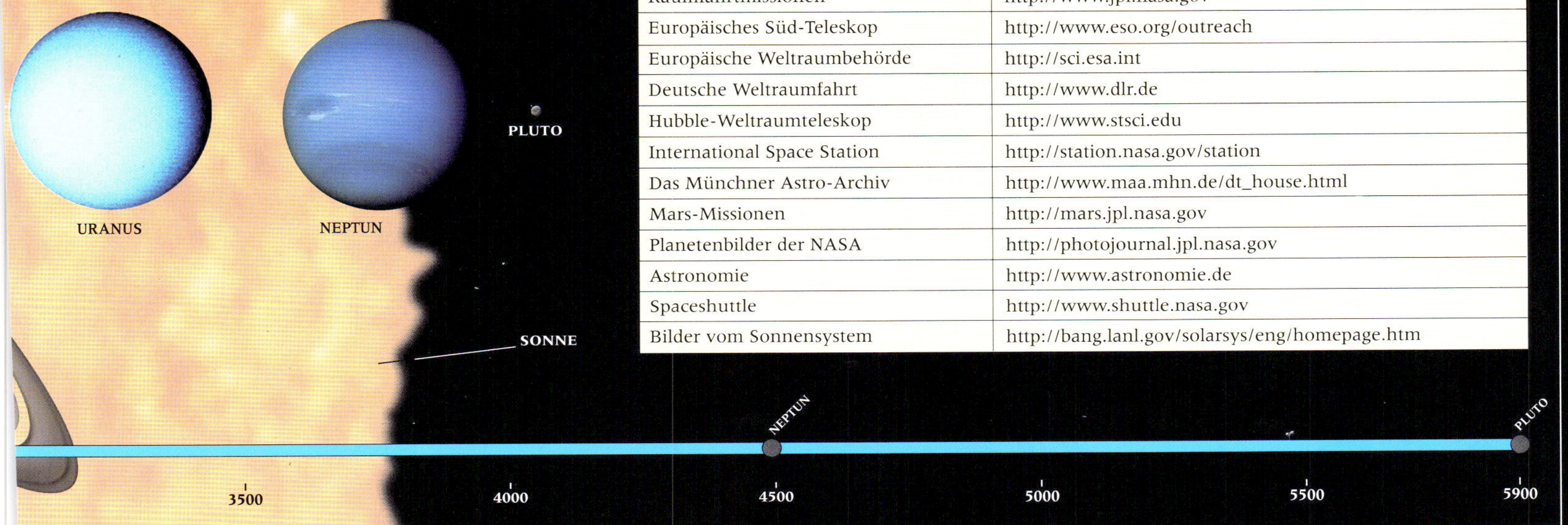

Register

Danksagung

Besonderen Dank an Cheryl Gundy am Space Telescope Science Institute, Baltimore, und Debbie Dodds am Johnson Space Flight Center. Danke auch an Lynn Bresler für das Register; Fran Jones, Amanda Rayner und Sue Leonard für redaktionelle Unterstützung; Lester Cheeseman und Eun-A Goh für Hilfe beim Satz; Andrew O'Brien für DTP-Hilfe; Chris Branfield für die Umschlaggestaltung und Robin Hunter für die Computer-Hexerei.

Dorling Kindersley möchte sich für die freundliche Genehmigung für den Foto-Abdruck bedanken:

(o=oben, u=unten, m=mitte, l=links, r=rechts, g=ganz oben)

Anglo Australian Observatory: 4r, 5ul, 42l, 46m, 46ml,47gr; David Malin 2gr, 40ml, 44mr, 44l, 49m; **Caltech:** Palomar Observatory 4ul; **Corbis UK Ltd:** Lowell Georgia 24m; NASA 55m; **European Space Agency:** 51mr; NASA 31gr; **Dr. Alan Fitzsimmons, Iwan Williams, Donal O'Ceallaigh:** 37umr; **Galaxy Picture Library:** Gordon Garrad 4ml; ISAS: Y. Ogawara 12ml; **Julian Cotton Photolibrary:** Jason Hawkes Aerial Collection 48l; **NASA:** 1, 10gl, 10gr, 10mru, 12m, 16mo, 16u, 18gr, 18ul, 21l, 34mo, 39ur, 48ml, 48m, 51gl, 51mlo, 52ul, 52m, 52mr, 53ur, 53m, 53gl, 54u, 54gr, 55gm, 55ul, 57ml, 57gr, 57mr, 58ml, 58gr, 60mo, 61ol, 61m, 61r, 61gr, 61gl, 63m; **Calvin J. Hamilton:** 12m; **COBE Project:** 44ul, 48gr; **GSFC:** 58mr; **GSFC/TRACE:** 8ml; **Jet Propulsion Laboratory/ Caltech:** 2gl, 3gr, 6 alle, 7 alle, 12ul, 13ur, 14g, 14l, 15r, 19rg, 22l, 22m, 23ur, 23gr, 23mr, 24u, 24gr, 25u, 25u, 26ul, 26gl, 26m, 27r, 27gr, 28gr, 28ul, 28ur, 29gr, 29l, 30m, 30ul, 30ml, 31r, 32ur, 32gr, 32ul, 33m, 33gl, 34m, 34gl, 34ul, 35ur, 36m, 36u, 37ul, 48mr, 62ul, 62ur, 62um, 63ul; Calvin J. Hamilton 35gr, 22ul, David Seal 29u, 31ul: Kennedy Space Flight Center 2u; Lockheed Martin 51ur; **Johnson Space Flight Center:** 8m, 54m, 54gr; **Kennedy Space Flight Center:** 2u, 18ul, 18m, 20m, 20gl, 63r; **Laboratory for Atmospheres/GSFC:** 58mr; **Lockheed:** 53gr; **Space Sciences Laboratory/Marshall Space Flight Center:** 8g; **Stanford Lockheed Institute/TRACE:** 8ul; **Natural History Museum, London:** 17l; **National Geographic Image Collection:** Don Foley 25mr; **Novosti London:** 50 gl, 50ul, 63 g; **NSSDC/GSFC/NASA:** 3m, 15gr, 16gr, 17gm, 17gr, 17ur, 19mro, 20gr, 21m, 21gl, 39u, 56gl, 57ur; Michael Tuttle 20u; **Planet Earth Pictures:** 5gr, 11ur, 54r; B. Sidney 19gr, 11ul; **Royal Observatory Edinburgh:** 4m, 42gm; David Malin 40ul, 40m, 45ul, 46u; **Science Photo Library:** Agence SPOT 59ml, David Nunuk 5gl, 5m, 39gl; David P. Anderson SmU/NASA 14u; David Parker 60m; Dr. Fred Espenak: 49ul; Earth Satellite Corp 59mr, 59gr; Francis Gohier 39mr; Frank Zullo 45; Fred Espena 11m; Jerry Schad 38gl; Michael J. Ledlow 13gr; NASA 50m, 56m, 58u: Rev. Ronald Royer 10u; Siding Spring Observatory, Australien 38m; Simon Fraser/Mauna Loa Observatory 4gr; Smithsonian Institution 4um; Stargazers Radio Telescope 60gr; Tony Hallas 45u; **Courtesy of SOHO/EIT Consortium:** 48 mr, 62; ESA/NASA: 6ul, 9m; **STScI/AURA/ NASA:** 44mro; A. Stern (Southwest Research Institute), m. Buie, Lowell Observatory, ESA: 36m; B. Balick (University of Washington), V. Icke (Leiden University), G. mellema (Stockholm University) 43gr; Brad Whitmore (STScI) 47ur; E. Karkoschka (University of Arizona) 32m; Hubble Heritage Team, J. Trauger (JPL) und Mitarbeiter 43m; B. Balick, J. Alexander (University of Washington) 43Mr; J. Harrington, K. Borkowski (University of Maryland) 43ur; J. Hester, P. Scowen (Arizona State University) 40m, J. Morse (University of Colorado) 42um, John Clarke (University of Michigan) 27ur; Jon Morse (University of Colorado), NASA 5ur; R. Williams, The HDF Team 49gr; Reta Beebe (New Mexico State University) 27gr.

Umschlag

Anglo Australian Observatory: David Malin hinten l; **NASA/JPL/ Caltech:** hintere Klappe u, hinten r, hinten m; **Royal Observatory Edinburgh:** D. Malin vorne m; **Science Photo Library:** Ronald Royer Buchrücken m; **STScI/AURA/NASA:** Erich Karkoschka (University of Arizona) vordere Umschlagklappe u; B. Balick, J. Alexander (University of Washington) hinten ml; J. Hester, P. Scowen (Arizona State University) hinten mr.